与自己和解

心病还须心药医

那些早已淡忘的创伤，一直在潜意识中困扰你、伤害你。请回到自己的内心深处，拥抱不完美的自己，与自己达成真正的和解。

心理"未病"
倡导者

花 荣 ♥ 著

◑ 中华工商联合出版社

图书在版编目(CIP)数据

与自己和解 / 花荣著. -- 北京：中华工商联合出
版社，2020.6（2024.2重印）

ISBN 978-7-5158-2656-1

Ⅰ.①与… Ⅱ.①花… Ⅲ.①人生哲学－通俗读物
Ⅳ.①B821-49

中国版本图书馆CIP数据核字（2020）第 081640 号

与自己和解

作　　者：花　荣

出品人：李　梁

责任编辑：胡小英　马维佳

装帧设计：周　源

责任审读：李　征

责任印制：迈致红

出版发行：中华工商联合出版社有限责任公司

印　　刷：三河市同力彩印有限公司

版　　次：2020 年 6 月第 1 版

印　　次：2024 年 2 月第 4 次印刷

开　　本：710mm×1020mm　1/16

字　　数：128 千字

印　　张：14

书　　号：ISBN 978－7－5158－2656－1

定　　价：69.00 元

服务热线：010－58301130－0（前台）

销售热线：010－58301132（发行部）

　　　　　010－58302977（网络部）

　　　　　010－58302837（馆配部）

　　　　　010－58302813（团购部）

地址邮编：北京市西城区西环广场 A 座

　　　　　19－20 层，100044

http://www.chgslcbs.cn

投稿热线：010－58302907（总编室）

投稿邮箱：1621239583@qq.com

工商联版图书

| 推荐序 |

　　2009年，第一次见到花荣，我就被她那深邃的目光吸引。身为蒙古族人的她如腾格尔一样长着一双细细弯弯的眼睛，眸子中透出的光异常光亮，就像一个很深的隧道，但是站在隧道的一端依然能遥望见一个远远的光明的出口。

　　虽然是第一次见面，但是我们一见如故。花荣向我娓娓道来她这么多年对生命的探索历程，一件事又一件事……有的事情，她甚至探索了好多年，终于像侦探一般发现了规律，到最后终于释怀，这种不断地为自己的生命松绑和"治疗"的过程，使她在不断圆满自我的路上越走越轻松，对生命所赐予的种种体验都满怀感恩之心去面对，最后终于悟出了伤痛和病症背后的意义。这种执着的探索和研究的精神，源于她对自身生命的热爱和对这个世界的好奇，对一个成年人来说，这是多么可贵的品质！

　　那时，我就想，如果能将她所叙述的这些事情写成一本书该有多好！不仅她自己能完成一个自身的梳理，也能给很多人带来对自身生命的思考。

于是，第一次见面，我们就有了这样的约定：要完成一本书！虽然我曾帮助过很多人出版图书，但是从来没有像这一次一样如此的有热情，我想一定是她如孩子一般对生命的真诚与好奇打动了我，她的精神感染了我！这是一颗多么纯真美好的心灵，难道不像荷花一样，虽然身带污泥，却一直在追求圣洁地绽放？

在写作和寻求出版的路程中，我们共同经历了太多的坎坷，出版的希望起起落落，时间的无限搁置，使得花荣自己也渐忘了此事。

2012年9月，我的父亲被检查出患上了癌症晚期。花荣听说了此事，特意赶过来看望父亲，并且分享了她的生命体验故事。花荣没有说任何的大道理，也没有说任何安慰的话或者从哪里听说的奇迹，她坐了几个小时的车来到我家里，只为分享自己的这个真实体验来鼓励父亲："生命，有无限的可能！"她没有任何的同情和可怜之心，很郑重地说完了这件事便冒着雨走了……看着雨中她的背影，我想，这样一个对生命有洞见的人，我应该让她的智慧惠及更多的人！

于是，时间就到了2017年，我依然没有放弃对这本书的出版推荐，最后终于有了真正要出版的消息，于是欣然作序，也为自己这几年对朋友的承诺有了一个交代，更希望读者朋友能够通过本书，欣赏到一个在心灵探索之路上行走的勇士！虽然她看上去很平凡，但是内在的世界却宽阔辽远，她的开拓和收获，值得我们每个人反思，有几个人敢说自己活得通透顺畅，一点"病症"都没有呢？

让我们随着花荣的探索，认识到这些让我们作茧自缚的"病症"，一层层释放自己……最终，与闪闪发光的自己相逢！

北京中科心理研究所研究员

国家二级心理咨询师

专栏作家

自 序

随着人类文明的发展，尤其是物质文明的发展，我们拥有前所未有的物质享受，而与此相反，身体状况、精神状况、幸福感等等每况愈下，我们有诸多的烦恼和不适：

我们常常如同机器般自动并循环地爆发不良情绪；

我们常常处于非健康状态，我们颂扬药物的特效，更颂扬先进的检测技术及治疗器械，我们滔滔不绝地或兴奋或失落地谈论保险赔偿率；

我们以自己的期望要求别人，结果却常常是失望、气愤、埋怨……

上述诸多情形几乎我们每个人都经历过或正在经历，那么我们为何会如此呢？我们之所以如此，是因为我们越来越多地远离了自己的本性，越来越多地忘记了自己本来的面目，所以我们在外在丰富多彩的情况下，内心却感到匮乏和痛苦，我们在茫然无知的状态下让自己处于一种非健康的病态之下，由于不认识身体问题发生的深层意义而任其不断重复或改头换面、轮番登场。

实际上，人类的确是高级智能的物种，我们拥有能动性和创造性。量子物理证明，世界万物是相互联系的，我们的意念及态度在某种程度上可以影响到与我们关联的一切；海森堡的"不确定性原理"指出观察的行为会改变观察对象。

被大家熟知的吸引力法则也说明了我们内心意愿的强度以及想象力在某一领域可以吸引或影响人、事、物。

当然，我们内在世界和外在世界到底是何种关系、如何互动等，这些问题至今尚无最终最全面的答案，但有一点可以断定：我们对某些身体问题的意外发生负有责任。

我们并未意识到充满冲突的生活是在不断提示：我们误解了自己。

我们与冲突的自我并未达成和解，正是我们自己选择了问题的发生并不断滋养着问题不断生长。

我们正是因为无法真正转化痛苦的种子，身心才会迫不得已动用一切不适来向自身传达信息。

我们还不懂得如何与内在的自我对话，所以身体上的问题发展成我们为了达到自我的目的或为了表达自我的退缩而惯用的武器。

看似面目全非的自我实则是我们内在智慧的显现与提示。"我"是智慧的存在，"我"的追求不限于房子、车子、票子，更是为了平衡、真实、经历、成长等，这些有时也需要通过问题与冲突的发生来实现。

另外，还有很多因为我们的错乱、无知、不接受、不面对而导致的障碍……

　　那么，如上所述，我们主动或被动、无知或智慧地创造了种种病症，仅仅如此吗？这是不可改变的吗？如果是这样，我们知道这些又有何意义？

　　是的，更重要的是，我们应该认识到我们是问题的创造者，同样也是问题的真正解决者。

　　一对即将步入婚姻殿堂的情侣问一行禅师："老师，24小时后我们就要结婚了，我们要怎样准备才能获得成功的婚姻呢？"

　　一行禅师回答："最重要的是深观自己的内在，查看那里是否还有障碍存在。此刻，是否还有与你不曾和解的人？你的内在是否还有一些未曾协调的东西？"

　　还有一位曾经在越战时期意外杀害五名儿童的美国退伍军人，他因无法做到自我救赎而痛苦不堪。一行禅师安慰他："你不需要因杀害那五名小孩而承受持续的痛苦，如果你懂得生活，懂得救助现在的和未来的儿童，那五个孩子便会理解你，他们会向你微笑，也会在你修习的道路上支持你。"

　　问题、冲突与障碍的存在并不可怕，可怕的是我们对它们的错误认知、态度及做法。

　　我们应该通过认识自己本来的样子、认识我们与问题、冲突的联结以及它们的存在目的、发生原因、运作规律等，从而做回自己的主人，让自己的生命发出耀眼的光芒。

只有那时，我们才会真正意识到：所谓的幸福，就是与自己的内心和解，与生活和解，与自己和解，获得身心灵的深度疗愈。

　　所以，自我问题的解决即与自己和解，而与自己和解的真正意思是：从自己的内心开始实践，恢复和谐的关系，给自己创造让一切事物有个新的开始的可能性机会。

　　与自己和解，不再与自己和这个世界拧巴，主动理性分析原因，然后一点点地去试着打开另外一扇窗。正所谓，一念天堂、一念地狱，愿我们每个人都学会与自己和解，都能够被这个世界温柔以待。

目　录

第三章

转化痛苦的种子

第四章

与内在的自我对话

第五章

从"面目全非"到"身心开朗"的奥秘

第一章

CHAPTER ONE

充满冲突的生活在提示：
我们误解了自己

我们都知道"盲人摸象"的故事，六位盲人分别摸到大象的一部分，分别宣称大象是一堵墙、一支矛、一条蛇、一棵树、一把扇子和一根绳子，而且各自都坚定地认为自己是正确的。

我们假设让故事里的六位盲人再次去寻找或认出一头大象，那么，结果会怎样呢？不难想象，他们一定找不到大象，除非他们意识到自己对大象的认知出了问题，并重新全面地认知它。

在现实中，我们对自己的认知如同盲人摸象，我们只了解自己的一部分并将其当作全部，如此，我们就与那些盲人一样，无从认出自己，除非放下现有的偏见、狭隘和自以为是。

认知——正确的认知是对被认知对象进行有效操作的前提，不然只有擦肩而过或被动接受。

对自己没有全面正确的认识之前，我们就无法知道自己创造出的"非健康"，更无从认出创造"非健康"的自己，我们的生活便充满了迷茫和混乱。

生命的发生必是恩典

生命是奇迹。生命蕴含着一切，并借助一切展现着自己。

当然，也有很多人并不认识生命，人们通常会非常狭隘，常常只把自己当作生命体，生命的体验对我们来说只是"活着"而已，"活着"对我们来讲又是理所当然以及自然自动获得的，我们并不懂得它。

有谁思考过自己是怎么呼吸的？是如何心跳的？又是如何获得这些的呢？

也许有人会反问："这有什么需要思考的？难道不是自然的吗？"

是的，因为我们很少关注或思考这些，我们连"活着"是怎么回事儿都不太清楚。

生命是什么？生命来自哪里？将去向哪里？生命的意义为何？我们很少甚至从来没有思考过这些问题。

所有问题的答案都在全然的经历及内在的感悟中。

一个没有见过色彩的人，在他自己真正看到色彩之前绝对不可能知道色彩的绚丽；一个没有尝过苹果滋味的人，还没品尝之前，他必定无法确实地知道苹果的真正味道……

真正的"知道"是基于亲身经历才可获得的，否则一切都是空谈。

如果我们只以头脑收集知识而不去体验和经历，那么我们所获取的"知识"就只是一堆概念，我们自己也与那些数字储存工具（如电脑、手机、U盘等）没有质的区别。我们失去了感受、觉知和探索的能力，陷入书本或其他人嘴里的知识里，进而还一知半解地复制和编辑，而那真实的生活却被我们错过，就如同被我们忽视的生命。

生命的意义为何呢？我觉得它是一种无法用有限的语言来描述或固化的"东西"。

我觉得，生命的意义在于不断探索并全身心地经历和投入，发现其内在的美和奥秘。甚至，我觉得生命只是一种流动，就如同水，我们生活的态度是个容器，拿什么样的容器盛装它，它就会呈现什么样的状态。

生命如涓涓之流，从我们身上流过，看似简单流过却充满着力量和韵律。它不曾强制命令我们任何任务或目标，它赋予我们的只有无限的自由，我们可以任由内在的冲动去谱写自己生命的意义。由于我们不懂得生命之流的力量、韵律及意义，所以承受着众多身心灵的困扰。

又如生命的发生。生命的发生是恩典，不是自然的获得，所以我们需要对父母祖先表示感恩，不然我们的生命会失去支撑和平衡，身体上所产生的病变反应也将会伴随并左右我们。

实际上，"我们"和"生命"是一体的，当我们不懂得"生命"时，我们都是残缺的"病人"。

如果有一天，我们开始思考生命为何，意义为何，那么，我们的生命从此必定不再是一直以来的那样——存在众多限制和束缚、不自由自在的路程。

最大的不幸是遗忘真实的自己

乖＝好。

我就是在这样的家教下长大的，我相信绝大多数人都是，至少我的很多初中、高中包括大学同学多是如此。

如此一来，学乖，成为乖乖的孩子就等同于接近了一个好孩子的标准，而成为这样一个乖小孩当然是为了得到来自父母和长辈的认同。

读书的时候，我们通常都努力让自己表现好、学习好，深层目的也是为了得到更多的认同和肯定。成人之后，我们找工作、要挣钱，目的或是让父母省心和享福，或是得到同事、领导及周围人的肯定，甚至还会想着如果我挣到很多钱，就能帮得上七大姑八大姨，凡是与我有瓜葛的亲戚朋友，都可以帮他们实现梦想，而那些梦想无非就是帮他们实现买房子、上学、出国或其他人梦寐以求的东西。

当我们结了婚，为人妻、为人夫及为人父母后，我们努力奋斗的动力又多了一条：让孩子吃得好、住得好、用得好，为未来打好基础……

长期以来，我们生活的姿态和生命的意义都需要依靠外在的肯定，如果脱离外在价值体系的支撑，我们就会沦落为别人眼中的"逆子"或"疯子"，总归是一个不合时宜的家伙。

于是，每个人都理所当然地、义无反顾地为了迎合那些众多的、飘忽不定的、变化多端的外在标准和目的而拼命学习、努力工作，我们需要考虑的只剩下哪种知识或资质有利于我们的生存，有利于符合大众标准，有利于得到外在价值体系的肯定。

我们活着、学习、工作，日出而作，日落而息。然而忽然有一天，我们发现自己像是上了发条并定时的闹钟一样，做着自己并不喜欢的事情。别人需要什么或喜欢什么，我们就努力地朝着别人的期望努力，带着疲惫或不甘，日复一日地重复着，我们一切的作为似乎都是为了别人，为了别人的接纳、认可甚至赞誉而活。

这种失去自我而形成的"为别人而活"的假象，其背后的真正目的，是我们一直在谋求从别人的认同和肯定中找到自己存在的价值，在"为了别人而努力"的背后隐藏着我们"获得他人认同或肯定"的强烈企图。

遗憾的是，这个需要"认同和肯定"的"我"并非真实的我，而是一种错觉，错觉本身和错觉以为的内容就是我们的"自我"。

"自我"只是错觉，它并没有真实的存在。尽管如此，这种错觉却万分确定地以为自己存在，并不断地去证明。"自我"的错觉那么深，以致我们忘记了自己。

我们忘记了真正的自己，然而我们并不觉得有何不妥，这才是最大的不幸。我们以为真正的自己就在别人的嘴里、眼神里及我们所拥有的丰富和繁华中。我们遗忘自己已经很久了，我们偏离方向已经很久了，以至于活在别人眼里的那个被恐惧占据的"自我"成了主人，以至于我们都为了那个"自我"而活，为别人活着与为"自我"活着已经成为一体。

我们为了父母和他人，为了社会约定俗成的标准，不断地一层一层地放下自己。

首先放下天真无邪，然后放下勇气和自由，接着放下热爱，最后放下自己。我们连自己都放下了，还谈什么"活着"呢？是谁在活着？

如果说我们意识到失去自我是不幸，那么不幸的源头制造者是来自我们的父母吗？实际上，他们也同样是失去自我的状态者中的成员，大家似乎无一例外，都不知道是为谁而活。

于是我们进入了这种阶梯式的恶性循环中，越循环下去越让我们远离自己，我们活着越来越变得像一种虚幻的价值符号，越来越变成一种茫然的趋同文化。

举例来说，问题就容易呈现了。假如，月亮是我们真正的自己，而我们的认知却以为水中那个月亮的倒影才是真正的自己，而且通过群体强化共同的认同，水中那个倒影也以为自己就是真正的月亮。然而，倒影毕竟是倒影，它终究是虚幻空洞的，它必须靠水才能呈现自己。

我们的"真我"其实是天上的月亮，而我们却把月亮的倒影当作自己，同时为了让这个倒影获得清澈完美的呈现而寄望于水、附和于水，甚至控制水、控制那挡住月亮的云。我们的方向完全错了：真正的月亮其实一直在那里，它不用依靠水来呈现，也不怕被云彩挡住。

我们忘记了自己，这是何等痛苦和畸形的状态啊！

是的，我们一直在经历痛苦，只是因为我们忘记了自己。

是谁在活？为谁而活？"病痛"是如何产生的？这是值得思考的问题。

知行不合，令问题屡屡发生

一天晚饭，先生自己动手做了自己爱吃的蚕蛹，并以营养丰富为由，努力说服我和他一道品尝，甚至当面手机百度证据，向我认真科普。

蝉蛹的外形让我无法接受，即使多大的营养深藏其中也让我看在眼里，难受全身。

"真的很有营养的，你怎么就不爱吃呢？"老公很失望。

"那你不知道吸烟有害健康，过量饮酒有损身体吗？"我反问。

我们俩相对而笑，又摇摇头。

明明知道有营养，但我就是不想吃。明明知道有害健康，但他就是戒不掉，这就是非常典型的"知行不合"。

"知行不合"的字面意思很好理解，就是我们常常出现的明知道事情该如何，却又总是做出相反的作为或不作为的现象。如：像我先生那样，明明知道吸烟有害健康，但他仍然吞云吐雾，乐此不疲；明明知道过度饮酒会给身体脏器带来危害，却不乏明知故犯的酗酒者，拍着啤酒肚或揣着酒精肝，仍然忍不住频频举杯；而毒品对人体的危害及对心灵和家庭的折磨更不用多说，然而，仍有倾家荡产换取毒品的瘾君子，其疯狂程度及成瘾后的痛苦都让我们瞠目结舌。

事实上，"知行不合"现象远不止我们知道的上述上瘾行为及不良嗜好，它的波及范围简直无孔不入，如那些天天喊着要减肥但依然无法管住嘴或不能坚持运动的女性朋友们，又如明明相爱却要互相伤害的恋人们，还有深知拖延症的后果而迟迟不进入工作状态的文字工作者们……

我们从何时开始有如此喜好：明明知道不可，偏偏又要犯？这么做有什么深层意图？明明知道后果的我们又为何让问题屡屡发生？

现在尝试着去思考：如果真的知道何种作为或不作为是对的、好的、正确的，那么我们一定可以按正确的方向去执行。无论怎样，我们一定不会明明知道错误有害而去犯错。然而，我们又确实存在诸多"明知而犯"的困扰。我们到底哪里出了问题？

知道不可，知道错误，但偏偏控制不住地要去"触犯"。有没有这种可能：我们的"知道"是"知道"，而"行动"是"行动"，也就是说它们是两个体系，它们在各自运作，"知道"和"行动"没有必然的关联，"知道"以为的对错，未必可以是"行动"的指南。"知道者"和"行动者"也是两个人，如此，"知行不合"便很正常。

"知道"对我来讲很多时候是一种概念和知识，属于头脑，我们非常推崇它，我们的头脑知道很多很多，我们可以知道世界上几百种语言的语系分类、发音特点、语法规则，但我们能够流利说出的语言不过几种。如此"知道"，很明显不是"行动者"的"知道"，而是与行动分离的"知道"，是"知行不合"的原因。

头脑的"知道"也是与行为分离的"知道"，它的"知道"以外必定还有很多的不知道，它永远都无法知道全部；同时，头脑的"知道"永远不可能成为真正的知道，真正的知道必须是"行动合一"的，正如王阳明所说："知而不行，只是未知。"

行动是我们内在最真实最直接的显现，如果我们认为"知行不合"，那么我们的"知"必定不是真的，我们的内在必定另有个与"行"相合的意识存在，而那个自以为"知道"的头脑对其全然不知，从而带领我们进入无意识的循环中。是的，当我们对自己的所作所为不带有与"行"相合的意识的时候，那些明明知道不可为又总是不断重复的事件就无法避免。

所谓带有意识，即要知道我们自己的内在到底发生了什么。

其实很多抽烟、饮酒、吸毒、网瘾及沉迷于其他东西（如游戏、暴饮暴食、性等）都属于上瘾行为，而上瘾行为背后往往隐藏着内在的不安，这些不安或是面对真相的焦虑，或是对成功的恐惧，或是对本能冲动的压抑等，所有这些原本只是纯能量的流动，只需要通过正面的发展、前进及行动来得以展现和释放，然而，由于我们不了解自己的内在，使能量在流动中产生了堵塞，产生了分流，并撕开了另一种出口，从而在外在方面出现各种借口、退缩和各种消耗精力及分散注意力的行为。

是的，我们无意中所做的很多上瘾行为就是为了掩盖我们内心的不安，也是为了舒缓自己的内疚。

我们需要了解自己的内在，我们需要活出内在的意图。当然这并不容易到达，于是我们时而感到恐惧，时而感到绝望，时而企图放弃。但无论我们如何应对自己内在的意图，却始终无法逃脱其本意，尽管我们暂时用种种上瘾行为麻痹自己，但最终仍需面对内在的真相。

内在的真相，说到底仍是认识自己，了解自己存在的意义。

明知不可为而为之，我们为什么想去做那些认为不可为的事情？真相就在背后。

当我们了解了自己为什么会有那些行为，谁还会责难自己？此时我们就不会再有明知不可为而为之的行为或想法了。

"明知不可为而为之"是因为我们视而不见、假装没见或者即使见到也都习惯性地做的行为，多么希望我们每个人都带着觉察，绕道而行或走上另一条街，从此赦免自己。

情绪来了，走了，又来了

记得上学的时候，每次开学我都会莫名其妙地情绪低落，每次都很不情愿地踏上返校之路。这种返校的忧郁一直伴随到我毕业。

上班后的几年也一直有此情绪，每次春节回家后都不愿意再回来，每次长假后回到北京都有莫名的失落。

那些年，那种场景下的心情，可以用"整个世界都暗淡无光"来描述，尽管它只是一种若有若无的情绪。

如今，经常听到周围朋友和同事的"节后综合征""黑色星期日"之类的感慨。想必这就是类似我曾经的那种情绪。

我们都有情绪，有情绪并非不妥，只是来了，走了，又来了的情绪，它或许大有来头。

回想我曾经的那种情绪，当我安静内心，沉浸其中去反思觉察，我能慢慢体验得出，那是一种深深的无助和失落之感。

我在少数民族地区长大，听与说普通话并不如其他地区的同学们那般自如。大学时，由于语言不通，孤独无助地一个人身处偌大的校园人海中，不知如何是好。还记得在校园见到老乡时的放声大哭，还记得在大街上偶然听到家乡话寻声追逐的情景；工作了，我不敢有任何奢望，只要能挣钱养活自己就好，于是"误入"了自己很长时间都无法接受的行业。我一边不接受自己的工作，一边又觉得自己除此以外什么都不会做，只能在此行业混下去。

我想这种情绪再稍微延伸一下，就很容易与更多人引起共鸣。很多人被动地将学习和工作作为生存、发展的抓手，尽管较难从中获得真正意义上的快乐和成长，却不得不咬紧牙关，勉强自己继续面对，实则内心深处隐藏着难以觉察到的失落、焦虑和不安。

情绪来了，走了，又来了，它原本也许只是单纯的失落、焦虑和不安，然而这种"演习"久了，就会升级成为一种"习惯"，甚至最后成为一种"资本"。听听西西的故事，这个意思就更容易理解了。

西西总是带着笑脸，伴随笑脸的还有黑眼圈或红眼圈。如果有人问她是怎么回事儿，她会坦然回答是她昨晚哭了或没有睡好。

她经常莫名地哭起来，然后又带着笑容宣称"我哭了"，或者在博客、QQ上更新签名"今天我又哭了"。

工作中的西西一直很机灵能干，言谈举止不乏聪明，如果真的按照她自己所说所悟的那样去做，我觉得她完全没必要再哭了。只是，如今我依然经常看到她的黑眼圈或红眼圈。她深陷于这种低迷的恶性心理循环当中，潜意识中俨然已牢固建立了这种让低迷心理存在下去并持续发作的自动化程序。她无法走出，也不想走出。没错，是她不想走出。主动权在于她自己。她一次次地近乎自豪地宣告"我哭了"就足以表明她对这种状态的依恋和不舍。

无独有偶，芳芳的心情也忽好忽坏。她是个心理学爱好者，是个"课虫"。每次上课前她会列出众多问题，课程中积极投入且大量清理与解决问题，课程结束时总是用发言总结她的收获是如何之多，她的心情是如何舒畅等，她热情洋溢的阐述总是能感染其他同学并博得一阵热烈的鼓掌。但到下一次课程或其他老师开课时还会出现她的身影，而每次她提的问题本质上基本一致，无非就是又跟男朋友分了或者吵了，他不太适合她；他不注重她的感受；他太武断；他太懒；他乱动了她的东西；他不愿意陪她逛街；他的控制欲太强；他追求完美，等等。与此同时，每次课程她都会总结和指出问题所在："武断的不是他，控制欲强的也不是他，追求完美的更不是他，而都是我自己。"

对她来讲，上课的成效或她自己的课后感悟几乎只是即时的和一次性的，过期无效。她虽然一直在努力地做自我成长的功课，但未曾到达深处。她总是非常优雅和小资的，独自一个人坐在星巴克靠街临窗的位置上，安静而悠闲地浏览网页或煲电话粥，讲述自己或好或坏的情绪和感觉，然后再次自我总结一番，字里行间闪烁着恍如智慧的洞见。只是，这些话都只是一个概念的理解和言语的概括，无法产生治疗作用。

西西和芳芳当然不是特例，我们很多人在某种程度上就是西西和芳芳的另一个版本。所以，坦率地讲，我们每个人都有定期爆发的情绪或习性，我们总是被这些情绪和习性操纵着，当它袭来时，我们就会完全地认同它，成为它，甚至享受它。是的，享受它，因为很多时候它已经成为我们生活的一部分。

科学证明，人的大脑中控制某种情绪或行为的神经丛是通过不断地学习和强化而得以拓展和生长的。举例说，当我们第一次哭的时候，对应的神经被激活，然后通过第二次、第三次哭而得到不断地强化和扩展；同样，当我第一次愤怒的时候，对应的神经会被激活，然后通过第二次、第三次愤怒而得到强化。如果某种情绪经常发生或得到强化，那么对应的神经及其伸缩或传递行为就会变得自动化，以至以后还没发生此类情绪，但按照大脑自主神经丛的记忆或者其对这种情绪发生周期的计算，推算认为应该到了发生这个情绪的时候了，于是我们就会莫名其妙或者不时地产生些相应的情绪。

刚开始的时候我们是情绪的主人，到后来情绪却成了我们的主人，多么可怕！

情绪是内在感受的外在表现，它并无好坏对错之分。但它不是可以忽略的淡淡感受，它是一种心理有所牵绊和不平的表现，是一种吸引我们关注的状态。

情绪可以使我们向内看，也可以使我们向外表达自己。

向内看，需要看到我们内在的纠结和不平衡。向外表达，需要表达我们真实的感受。

然而，我们很多时候向内看到的只有情绪本身，向外表达的也只如此。于是我们的情绪成了神经或生理系统运作过程中自动产生的分泌物，它不再是我们内在感受的外在表现，而是一种畸形、死板和麻木的另类病症。

中医所讲的"怒伤肝、喜伤心、忧伤肺、恐伤肾、思伤脾"，就是说任何情绪太过度的时候都会伤到我们身体上相应的部位。这个相应部位所呈现出的病症实际就是在以此吸引我们的关注。

故此我们需要去了解自己的情绪，进而了解自己内在真实的感受。唯有如此，我们才可以去做真实的自己。

　　如果我们带着意识之光来照亮自己所有内在的活动，那么显然，情绪是无法主宰我们的，我们也自然会重新做回情绪的主人。

问题发生的同时，方法已经诞生

自古以来，人类一直追求健康长寿，而所有的这些追求主要针对的是我们的身体：追求身体健康，追求身体不死。然而，尚未找到长生不老的"灵丹妙药"，我们却已经陷入前所未有的心理迷茫的时代，同时又被证实心理状态直接影响身体健康及寿命。

关于健康，世界卫生组织明确提出只有"躯体健康和心理健康统一起来，才是完整的健康"。根据其全球调查结果，真正达到健康标准的人群只占5%，而高达75%的人群正处于健康和患病的过渡状态，即亚健康状态。亚健康状态是典型的以精神心理因素为主导引发的健康问题，有病症却查不出器质性病变（即现代医疗检测设备显示无异常状态），人们因此饱受折磨。尤其是脑力劳动者及中心城市的职场人士，他们因长期处于精神高度紧张状态、背负各种压力而常常透支体力、脑力，因此，乏力、记忆力减退、头晕、腰酸背痛等亚健康状态更为明显。

除了亚健康状态以外，我们还面临着更多影响自身健康的问题。如环境污染导致的食品安全问题，膳食结构不合理引发的营养不良，添加剂等工业产品引发的人体感染及中毒现象，抗生素造成的免疫问题等。

在以上的诸种问题中，我们所面临的健康问题，无论是因为心理压力导致的亚健康问题，还是因为体力透支导致的健康问题，这都是我们个人直接引发和创造而来。这一点，我们可能比较容易接受，但是那些其他如环境问题、食源、药源、营养失衡等引发的非健康问题，我们也许并不认为自己对此负有责任，更不会认为自己是此类隐患的创造者。

而真相是：我们所有的人，包括所有的存在都是一体的，是相互作用的。公益广告中的那句"没有买卖，就没有伤害！"很说明这个问题，正是因为个体的某一需求产生，另一种为满足这一需求的行为就会相应产生，进而完成供需关系。由此延伸，每一个垃圾的产生，每一个恶念的形成都会进而引发另一个隐患的激发或扩大。小到每个人、大到每个群体，都开始对恶习报以妥协或纵容，必然加速环境问题、健康问题、安全问题等各方面的不合理性。

因此，哪怕是貌似独立的一个人，也是整个群体中的一部分，正是单一的个体链接起来成为一个完整的社会和一个复杂而庞大的世界。这样就不难理解，人生当中，我们所饱受折磨的一切身体与心理上的健康问题，都与自己的心理与行为存在密切关联。可以说，我们对世界负有责任，我们对我们所面临的一切负有责任，我们更对出现问题的自己负有责任。

是的，当我们不认识真正的自己，当我们以为自己是孤立的个体或使用者与受害者之间以彼此对立的形式存在的时候，我们无法理解上述种种隐患引发的后果与我们自身之间是有关联的。

现在，是时候警醒了！

是时候需要反省和关注自己了！

是时候需要静下心来找到问题之后的真相了！

我们要真正地、有效而及时地与自我进行沟通，与心灵进行对话。如果我们依旧放任自流，那么，我们身心各层次的健康问题是无法停止的。最起码有三个方面的隐患正是不能觉察自我，与内在沟通无法达成而直接形成的。

首先，我们从头到尾也不知道各类健康问题发生的根本原因。引起一个人非健康状态的原因有很多，毕竟人体是非常宏大且精密的存在。我们不但有物质的身体，我们还有生物场，包括生物声、生物电、生物磁、生物波等，这些任何一种的受挫都有可能引发病症，甚至任何一方面的正常发展成长过程也会带有类似病症的表现，另外还有遗传病症、基因印记等影响。

其次，我们也不知道某些问题的发展规律。因为我们在自己有限的知识中普遍认为"病毒"或者"细菌"是某种低级的生命状态。实际上病毒"智能"的存在，我们以有限的知识和有限的技术来应对某些病毒是无效的。

最后，我们常常找不到正确的方法，常常断言"不可治"。《黄帝内经》里有句话说"言不可治者，不得其术也"。我们的先人认为，任何病症在发生的同时，治它的方法同时也已经诞生了。所以，要找到正确的方法，治疗种种"病症"。

要真正在自我沟通中找到问题的源头，这是一个自我认识的过程，也是解决问题的开始，更是方法诞生的关键。

人云亦云：我们成为傀儡

　　有一个众所周知的心理暗示实验：心理学家以一个死囚为样本，对他说："我们执行死刑的方式是使你被放血而死。"这位犯人表示同意这样做。

　　实验在手术室里进行，犯人躺在一个小房间里的小床上，一只手伸到隔壁的大房间，他看不到隔壁，只能听到隔壁的护士与医生在忙碌着，准备给他放血。

　　护士问医生："放血瓶准备五个够吗？"医生答："不够，这个人块头大，要准备七个。"于是护士在他的手臂上用刀尖点了一下，算是开始放血，并在他手臂上方用一根细管子放热水，水顺着手臂一滴一滴地滴进瓶子里。

犯人只觉得自己的血在一滴滴地流出。滴完三瓶，他休克了，滴到五瓶时他死亡了，死亡症状与因放血而死相同。

可实际上他一滴血也没有流！

这就是心理暗示的强大作用。也就是说，如果被暗示者相信某件事情是真的，那么无论他所见到的物理层面上的实况如何，但被暗示者的内在状态认为那就是真实的，并且通过内在认同会表现出可见的物理效应。

现实中也有很多类似的事情，也许你的身边就发生过：两个人去医院检查身体，他们都有共同的症状，都需要拍片子，都被初步诊断为"脑瘤"，都需要做进一步确诊，以判断肿瘤是良性还是恶性。

检查结果出来后，病人甲被告之他得的是恶性脑瘤，活不过一个月；病人乙被告知他得的是良性脑瘤，切除治疗即可。

病人甲拿着确诊单瘫坐在原地，已经没有挪步的力气，然后非常绝望地被家人搀扶回去料理后事。他日渐消瘦意志消沉，最终非常乖巧地在"专家"规定的时间内离开了人世。

而病人乙拿到良性确诊单后欢呼雀跃，立即拿出手机四处通告亲友自己已被死神"赦免"，同时相约友人摆宴庆祝。他孩子般开心地笑着，脸色明显发亮，皱纹明显减少，步伐明显轻盈。他的喜悦感染着身边所有人。他回家去张罗着设宴，同时也积极张罗着做切除手术。手术顺利，他恢复了健康。

然而讽刺的是，甲乙两人的确诊单不小心被给错了对象。实际上得恶性肿瘤的是病人乙，而病人甲得的是良性肿瘤。仅仅只是拿错了单子，结果却完全不一样。

从这个事件可以看出我们内在的潜力以及潜意识的力量是非常大的。

这里想说的是，无论是我们的显意识还是潜意识，为何就如此轻易地会相信那些外在的标准或结论呢？为何就如此依赖于专家的"判决"呢？

我们内在的力量固然强大，但从上述两个例子中可以看出，我们更致命的问题是：我们在自己的世界里并不是主人，我们的生命缺少了自控能力。

是的，我们更多人把"自我"当作生命的主人，而"自我"又是空洞和恐惧的，它需要各种各样的标准和规范，需要权威，需要依附。所有这些，它或是去认同或是被认同，于是它会得到一种存在感、归属感。正是源于自我充满恐惧和防御，使得它无时无刻不在寻找认同，而在这种茫然无所适从寻找认同的焦躁过程中，自我会强行贸然启动内在潜意识的力量对其形成干扰。

若要减少依附，增强自控能力，那就要去做自己的主人，如此才能听从内在的声音。切记不要盲目听信他人的标准，纵然他人的标准确实被他们自己经历和验证过，但那也只是他们自己的，而不是你的或者我的。

我们千万要记得，世界是千差万别的，世界上没有两片相同的叶子，也没有相同的两个人，每个人的DNA排列组合都是独一无二的，更何况再加上我们每个人所处的环境、行为习惯及心理状态等的差别。更重要的是，生命充满了无限的可能，生命从来没有既定的模式和框架。

一直以来，我们很想得到一个外在的标准，一个不变的真理，但这往往是徒劳的，这样的期待只会让我们无助盲目地沦落于生活及生命之流中，永远也找不到真正有效和不变的"通用法宝"。因为真正不变、真正有力、真正有效的是我们自己的内在潜意识！

让我们做自己的主人吧！做自己的主人并不是说什么也不信，而是要更坚定地成为自我生命的主宰，相信生活的美好及生命的奇迹，相信自己有无限的创造性。

第二章

CHAPTER TWO

与自己和解的关键

我是谁？这是个古老而长期未解的话题。从大部分人的认知和理解来看："我"包括我的身体、我的情绪、我的头脑、我的理想、我的身份、我的名字、我的角色、我的归属、我所拥有以及其他可以想到的种种，这些是"我"或者归"我"所属。

那么，这种认知和理解是否正确，是否全面？

从某种角度和层次看，这些想法可以认为是正确的和全面的，但也忽略了"我"的深层本质，即"存在"和"无限"。

"我"并不局限于我们能想到的、看到的、感受到的有形或无形的某种东西，而是一种存在的状态，是一种无限可能的状态。基于这样的本质，当我们有意或无意地局限自己、扭曲自己、丢失自己、忘记自己的时候，便已是"畸形"，从而在身心等各方面引发不良反应。这些不良反应是警钟，是调节器，是安慰剂，抑或是自我欺骗的工具……

我们对诸多不良反应的发生起着主导作用，我们正是自身问题的缔造者，我们决不能将问题的产生归咎于他人，倘如此，我们才有可能找到与自己和解的关键，进而真正解决问题

认出自己是痛苦的制造者

有一个朋友让我深受折磨。她久居日本，每次回国或家里人出入境，她都会拜托我接送、买票或者帮助办理签证等事宜。

我一点都不怕累和麻烦，只是有些事情并非我的努力所能左右的。比如过年买票，那场景，只有像我这样的"首都人民"才有深刻的体会，那是无法用言语完整形容的。

有一年春节她老公要回国过年，她拜托我给他买国内火车票。

时值农历腊月二十九，飞机将在当天下午5点降落首都机场，出机场到市内通常需要2个小时左右。以此为前提，我只能给他买晚上7点半以后的票。想想，第二天就是大年三十，很多人都要赶最后一趟车。

我在放票的第一时间去排队，排了好几个小时，不停地换售票点询问，不停地紧盯网上发布的转让信息。直到最后一天，尚无果。

期间朋友时常来电话询问进展，然后会非常惊叹和不可置信地说："啊？那么紧张啊？提前了这么多天也没有啊？难道没有其他车？硬座也可以嘛……"

我心里很郁闷：一是，她老公回来时间的选择使我只可以考虑那一趟车，那天下午就连大客车和出租车也要提前收工；二是，我必须给她老公买到票，不然人家大老远回来，却在北京火车站过大年三十，这太不人性了；三是，她对国情的不理解，使我显得好像不够努力。我为此痛苦，我备受折磨，我病倒了。

最后一天，我仍在不停想办法。就在一次刷新网页时，我发现了最新发布的转让信息。我赶紧打电话，对方告知刚刚转出，已答应别人了。就在那一刻我不争气地哭了，一下子说不出话来，无比沮丧地挂了电话。然而对方又给我打回来，说："别哭，我跟那个人商量了一下，他可以考虑搭车，把这个票让给你……"终于搞定了。

上述情景只是某次的经历，之前和之后也发生过多次。我为他们一家人来往于日本、中国、北京到她老家几乎是呕心沥血。

我的痛苦来源于"取悦、满足"别人，以获得肯定的动机；当无法如愿"取悦、满足"时，进而想去证明自己已努力，希望被理解；还有一种对付出能有所回报（无论是物质的还是精神的）的期待……

现在，我终于明白，折磨我的不是她，而是我自己。我放下自己的动机、努力和期待。于是，我不再受煎熬。

当我们总想表现得更好，总想让他人完全地理解、接受和肯定我们所做的一切的时候，我们就会产生不必要的痛苦。我们之所以痛苦，不是事件本身给我们带来痛苦，而是因为我们对自己所做事情的结果和与事情有关的其他人给予了期待。其实，放下期待就等于放下了失落，这样可以免除很多自己亲手创造的痛苦。

我们是诸多痛苦的创造者。我们创造的痛苦不止来源于如上所述的内在动机、扭曲的努力和心存期待，还包含有多种创造痛苦的理由、能力及错误的感知。

例如一个人生病了。生病本身在物理或物质层面带给他的只有"痛"，然而他往往把生病和痛苦画上等号。这样，我们在经历着生病本身的"痛"，心里更紧紧抓住"苦"不放。"苦"的是谁呢？是心灵、意识、念头。很明显，"苦"不在身体上，它不是经由生病本身带来的。

生病所承受"痛"是直接经历的"痛"，但它不是最"痛"，我们对生病本身的恐惧才更"痛"，是超越身体之痛的"痛"，是一种被创造出来的"痛"，谓之"苦"。可怕的是，"苦"往往再次创造一轮新的"痛苦"。

记得几年前，我经常因为坐车拥挤而被踩了脚或被揪了头发。那个被踩或被揪的疼痛发生在瞬间，让我没有任何准备地经历它。当我知道发生这件事情的时候，它基本已经成为过去式。

但接着我会产生愤怒，会责备和怨恨那个踩我脚、揪我头发的人，会回头瞪他或推他一把，甚至有时会喊出我的不满，但对方的反应好像压根就不知道发生了什么事情。

无论怎样，这时的我心里燃烧着愤怒之火，我还会不时地怒视那个满脸无辜的人。

所以你看，事情本身已经过去，但刚刚经受的痛及由此产生的苦还在我们的心里继续，如果事态再严重些，可能还会为此打一架，然后气冲冲地一路走到公司，然后发错传真文件、填错财务报表而被老板数落训斥，回家踢狗出气，狗逃跑的时候撞坏了老公收藏的瓷器……我们虽然感到内疚，但心里的委屈和倒霉感越发严重，没有好声气，继而与老公吵架……这一连串的事情难道是必然的吗？难道发生倒霉的事我们很无辜吗？

后来，我学会以旁观者的角度经历这样的事情：同样也是被踩了、被揪了或者被推了，然后我观察到"肇事者"基本不知道到底发生了什么，而被踩的人却满脸怒火，久久不能放下……

我发现自己和大多数人一样，正是在拿别人的"错误"来惩罚自己。我们如此咬牙切齿，如此耿耿于怀，如此紧抓痛苦不放！

　　慢慢地，我认出了自己才是痛苦的创造者，不管愿不愿意接受，但很多痛苦的发生都有其内在的种子。

重新选择：积极面对，明确方向

美国科研人员进行过一项有趣的心理学实验，名曰"伤痕实验"，负责人向参与其中的志愿者宣称，该实验旨在观察身体有缺陷的人的心理活动。

每位志愿者都被安排在没有镜子的小房间里，由好莱坞的专业化妆师在其左脸做出一道血肉模糊、触目惊心的伤痕。志愿者被允许用一面小镜子照照化妆的效果，之后镜子就被拿走了。

关键的是最后一步，化妆师表示要在伤痕表面再涂一层粉末，以防止它不小心擦掉。

实际上，化妆师在此步骤是用纸巾偷偷抹掉了伤痕妆。

对此毫不知情的志愿者被派往各医院的候诊室，他们的任务就是观察人们对其面部伤痕的反应。

规定的时间到了，返回的志愿者竟无一例外地叙述了相同的感受——人们对他们比以往粗鲁无理、不友好，而且总是盯着他们的脸看！

实际上，他们的脸与往常并无二致，没有任何不同。

显然，这些志愿者受到了心理暗示并在这一暗示作用下，做出了对应的反应，这就涉及到了"受暗示性"这个概念。

"受暗示性"主要指对外界（如语言、信息等）刺激的认同及反应的敏感性，其作用机制主要存在于潜意识中。

每个人都有受暗示性。这就是为什么积极的思想、意念具有积极意义的原因。如果我们老说消极负面的话语，我们的潜意识往往就会认同并对此做出反应。就如上面的实验：当收到自己脸上有可怕伤痕的信息后，心理上随即产生别人会歧视自己的感受，即使那个伤疤并不存在。

如果我们对外界信息缺乏探究，总是全盘接受，那么我们就很容易陷入混乱，很容易为各种信息干扰打开大门：因为我们的周围总是充满各种各样的疾病、流言、舆论暗示，即使出发点是好的，但是方法不对，它们的进入更会使我们无助。

比如，我们经常看到或听到各种各样的善意提示，不要老吹空调，容易感冒；要变天了，多加衣服，别感冒了；少吃糖，防止蛀牙；癌症不能治愈……

这些提示并没有错，但是，需要强调说明的是：存在于我们潜意识中的能量场，多半是纯粹的，它们没有好坏对错的分别，哪里有方向、有出口，它们就会涌向哪里。因此，潜意识的启动需要有明确积极的指引。否则，上述这些善意提示在潜意识中会形成"金科玉律"，于是我们的确就会吹了空调就感冒，变天没加衣服就发烧，得了癌症只能乖乖等死。

有次儿子在外边与小朋友们玩追逐游戏。当时正值儿童手足口病高发时节，幼儿园的老师们用游戏的方式强调手足口病的特征和传染性，于是小朋友们都知道了这个事情。

孩子们游戏的内容大概是这样：假设某个小朋友得了手足口病，其他小朋友都要躲开他，如果有谁被他抓到，就等于感染了手足口病。孩子们你追我赶地快乐地玩着。

第二天，儿子起来后做的第一件事情就是把手伸出来给我看，并说道："妈妈，我手上有小点。"（每天早晨老师们在幼儿园门口检查小朋友们的手，要看看手上有没有小点）

我仔细看了，非常小，就两个。我还检查了儿子的嘴，没起疱，所以还是把儿子送去了幼儿园，不过被老师劝回来了。儿子被老公带到儿童医院看病，被确诊为手足口病。

从医院回来的儿子活蹦乱跳，食欲也非常好，无任何不适表现。我觉得应该没事，于是没急着给儿子吃药，而是安抚他说，只要好好吃东西，早睡早起，高高兴兴的，过几天就可以把病毒赶跑了。孩子的受暗示性很强，经过几日的调养，儿子的手足口病自然地好了。

另外，"潜意识"这个家伙，它的词汇中没有否定句，也就是说它听不懂"不"。当我们说"不"的时候它会忽略不计。如，"我不紧张"，潜意识会理解成为"我紧张"；"我不悲伤"，潜意识会理解成"我悲伤"。所以当我们需要对他人和自己做心理暗示时一定要掌握这个技巧：尽可能别用否定词，应该说成"我放松""我自如""我平和""我幸福"等。

"潜意识"需要被引导，经由我们的引导它可以创造无限光明，也可以创造无限黑暗。光明还是黑暗，全由我们做主。

现实中，我们总是免不了恐惧、疑虑，免不了退缩，我们常常徘徊在对错之间，徘徊在有望无望之间，而就在那徘徊之间，潜意识常常被放逐，被问题与麻烦俘获。

友情提醒大家，暗示并非只发生在实验场所，实际上，我们在日常生活中时刻地对自己、对他人在做各种各样的暗示。其中孩子们的受暗示性非常高，所以与孩子互动时请你嘴下留情，千万别张嘴就说"你真笨""没出息""坏蛋"等负面字眼。他们会很容易地认同我们的暗示，他们极有可能会成为我们所暗示的那个样子。

时刻向内看、沟通、检验和总结

　　爱和恐惧是人类最基本的两种"情绪"，它们互相依存和转化，它们是同一种存在的不同面，如同一个硬币的两面。

　　爱可以使力量持续和升华，它具有可使个体得以成长和疗愈的作用；恐惧却削弱力量或使其转移和沉淀，它最后成为个体成长的阻碍和破坏力。这些是内在的活动。虽然我们看不到它们在物质层面的关联和互动，但它确实真实而全面地在影响着我们。

　　当一个人处于恐惧当中时，头脑中总是反复出现他所恐惧的场景、结果等，越恐惧，所恐惧的想象就会越清晰，甚至会变成真实。

　　娜娜身边突发疾病的例子越来越多。她非常担忧，非常害怕这些不幸某个时候会降临在自己的身上。

　　未雨绸缪吧，能做些什么呢？她开始热衷于锻炼身体，热衷于学习营养搭配信息及课程，同时为家人买了双份保险。

　　即便如此，她仍然密切关注着周围人的健康信息，自己也养成了定期去检查身体的习惯。

　　这一次她按惯例去做检查，她很担心，总觉得自己好像得了什么病，因为最近腹部总是不舒服。

　　果然她查出了子宫肌瘤，需要做手术。

　　她拿着结果很庆幸，庆幸肌瘤没癌变，庆幸自己买了保险。

　　娜娜坐立不安的痛苦并不是来自疾病本身，而是来自她对疾病的恐惧。

　　她之前所做的一切都是以自己"得了病后会如何痛苦"为前提，她把得病后的痛苦想象得非常真切，所以她为了避免巨大的痛苦而做预防，她的恐惧越大，她的想象越真切，这样反倒强化促进了疾病的形成。

　　我们的想象具有影响力，尤其是发自内心的真切的想象。吸引力法则的精髓是把自己想要的结果以图像方式呈现在脑海中，并且把它当真，用心融入，从而内心真正感受到那个"真实"。著名的吸引力法则一度被众多人追随和奉行，只是少有人知道，实际上我们早已把它运用在生活当中了，只是它所吸引的绝不单指美好这一单项。

所谓"祸不单行"就是对吸引力法则非常好的表述，我们都不喜欢"祸"，于是我们极力排斥，极力地恐惧于那些不幸，我们越恐惧越排斥，那些种种祸害和不顺的想象就会越生动越丰富。我们的内心也会由此而产生真切的战栗，而就在真切战栗的时候我们的想象就有可能变成现实。当"祸"真的发生时，我们会进入极度恐惧的漩涡当中，其他种种连带的不幸的想象会非常真切地印入我们的心境当中，于是"祸不单行"竟然成真了。

人的意识是非常微妙的"东西"。当我们内在状态是喜悦和充满爱时，那么外在状态也如是；相反，我们内在状态是恐惧的，那么外在状态也会同样表现得恐惧。这是一种相互投射。

所以，与其说对疾病、祸不单行等并不美好的恐惧吸引了疾病、灾祸，不如说不健康的内在状态是不良的外在状态的根基。

正因如此，我们必须经由内在的革命而去真正地改变外在的境遇。我们的内在存在着无限的可能，我们无法用任何既定和能够把握的工具来准确衡量它。我们需要时刻向内看，时刻与内在沟通，时刻去用心检验和总结。只有这样才能越来越多地解放自己。

我们本意不想要疾病、痛苦。我们本来对意外和伤害充满恐惧。然而，恰恰是我们的恐惧招引了疾病和痛苦。

只因我们对自己不够了解，只因我们仍有太多的错乱和无知。

另一种方式看待疾病和遭遇重复发生

一只鸽子总是不断地搬家。它觉得每次新窝住了没多久就有一种浓烈的怪味儿，让它喘不上气来，迫不得已只好一直搬家。

它觉得很困扰，就把自己的烦恼向一只经验丰富的老鸽子诉苦。

老鸽子说："你搬了这么多次家根本没有用啊，因为让你困扰的怪味儿并不是从窝里面发出来的，而是你自己身上的味道啊。"

深受怪味儿折磨的鸽子，它的思维局限在"怪味儿来源于外在或者来源于正在居住的房子里"的认知里，以此为前提，它解决问题的方法就是不断搬家。而问题始终得不到解决，始终重复出现，除非它意识到"怪味儿并非来自外在，而是在自己身上"。

人也是如此，当我们深陷某种思维模式的时候，会变得无"意识"，于是会在不经意间重复去做根本无济于事的重复动作。

有位专家医术精湛，凡是由他治疗的病人总是能得到较好的疗效。于是到他这里来寻求帮助的人越来越多，大家排着队来寻求"奇迹"。

看着如此多痛苦的病患，专家越发努力地工作，希望能够治疗更多的人。

专家如此工作了几年，但之后他却意外发现了一种现象：曾经接受治疗而痊愈的人们，得了同样的病又回来找他看。

他得出结论：人们如果不改变原有的想法、原有的习性、原有的模式，那么病症是治不好的。

从此，他停止了对身体的治疗，开始做起心理的治疗。

反复搬家的鸽子是为了摆脱怪味儿，反复看病的人是为了再次治愈疾病，但是问题会得到解决吗？当然不会！无"意识"情况下做出来的事情，是身体运作机能、头脑思维沿着曾经既有的老路自动运作的结果。那里没有创新、没有突破、没有解决，只有重复。

某次开会其间，我想出去接个电话，然而我无论如何用力地推门都未能推开，这时旁边过来一个人，轻轻地拉了一下把手，门就开了。

原来，我无任何怀疑地陷入了"门应是推开的"思维当中。我只是在那里推着，用力地推，愤怒地推，痛苦地推，绝望地推。我只是重复着推的动作，而没有想一想为什么推不开。

经历了这样的事情后，我陷入了深深的思考。我开始意识到，当我们用透明的杯子盛装各种液体时，透过杯子，液体呈现出来的永远是那杯子的形状，因为我们知道杯子是透明的，因为我们知道盛装各种液体的杯子是同一个杯子。而想改变液体呈现的形状，就需要更换一直以来在用的透明杯子。

假设我们忘掉那杯子是透明的，进而忘掉那杯子的存在，那么我们会怎么样呢？我们也许会惊叹：这些液体为什么总是呈现出如此相似的形状呢？

我们也许还会做各种尝试：我们不断更换液体的种类，使它们在颜色、气味、浓稠度等方面有所差别，我们希望通过更换不同的液体来得到不同形状的呈现。

显然，上述的惊叹及尝试是无知和徒劳的。只因为我们视而不见那杯子，只因为我们忘记了杯子的存在及其透明情况，而液体又必须被盛装在其中才有其形状。

　　疾病的重复是因为我们看不到其产生的深层原因。如果我们的习性、思维方式是那透明的杯子，我们身心各方面的健康状态就是那些盛装在透明杯子里面的液体，它们最终总是以那杯子的形状呈现出来。即如果我们的习性、思维方式是健康的，那么我们的身心各方面的状态也容易健康，反之亦然。

　　拥有畸形的透明杯子并不可怕，用这畸形的杯子去盛装液体也不可怕，可怕的是我们忘记了它是透明的，久而久之就忘记它的存在。一旦到如此的境地，我们就会变成习性的奴隶、模式的机器，"我"不再是"我"，"我"变成那杯子，"我"毫无生机、毫无力量地附着在杯子上。

　　我们可以发现杯子的存在，我们可以发现杯子与液体的关系，我们更可以用另一种杯子去换掉这畸形的杯子。机器之所以是机器，是因为它永远按照它被设定的程序运作，而我们虽然常常进行机器般的运作，但我们拥有改写程序的可能，只要我们记得自己，记得带着意识运作。

　　印度哲学家克里希那穆提认为，要从根本上改变社会，必须先改变个人意识才可以。我们先不用想改变社会，试着改变自己就可以了：以另一种方式看待疾病和遭遇，尤其是那些正在重复发生的……

强大的意念聚焦，使问题"心想事成"

其实，任何事件发生在我们身上的前提，都是我们必须对它有认知。

如果我们被告知去寻找某个我们从未听过和知晓的东西，那么我们该怎么找呢？是否能够找到呢？是的，如果我们对这个东西没有任何概念，纵然它在我们眼前，我们也无法看见、无法认出。

我身为蒙古族人，精通汉语，并对英语、日语、俄语、朝鲜语等几种语言有所认知，于是我有了如下的发现：当广播或电视上说着我有所认知的语言时，虽然我不太清楚说的是什么内容，但我可以分辨出正在说的是以上哪种语言。如果说的不是上述几种语言，那么我就无法分辨，对我来讲这几种以外的其他几百种语言都是没有任何区别的，因为我对它们没有任何认知。

这是个很有趣的现象，也就是说，我们能够认识和分别的东西必须先在我们的意识当中被认知。这样的认知只要在我们的意识中出现一次，以后就会越来越容易被认出和发现。

有些病症的发生，我们内在一定先对病症有过一些认知。即使病症客观地存在和表现出来，但如果我们对它毫无认知，那么它对我们而言就不是病症。某个"东西"（病症）出现了，但我们从没遇见过它，我们照样过我们的日子（尽管身体方面可能有些不适），这样会怎样？也许我们会莫名其妙死去（其实不是莫名其妙，而是我们压根就不知道有种所谓"病症"的东西存在过，并且是它吞噬了我们的生命），也有可能自然就好了。

动物的世界里发生着我们人类命名和认知的疾病，但对动物来讲那些并不是病症，它们只是生命过程中的一种经历，什么都不算，不管它们是什么，来了就去经历，于是，动物们或通过本能找到了"解药"，获得治愈，或者让"病症"自然修复。

疾病最初成为病症是因为我们认出了它，我们把它叫作病症，而且我们越来越多地从自己的身体、从我们的周围的人中发现了它们。

难道我们可以掩耳盗铃，欺骗自己说这不是病症，我不认识它……如此，病症就不是病症了吗？不，我想说的并非是这种简单的说服自己或假装看不见的行为和态度。实际上，我们已经先入为主地拥有了太多关于病症的认知，我们的意识中早已弥漫着种类繁多的病症信息。

　　最初，我们的祖先认出病症，并让它成为病症，也许只是为了探索更多人体内在的奥秘，也许只是尝试窥探死亡的缘由。但如今，相当一部分人已经不是以探索和拓展的精神来允许病症成为病症，而是以铺天盖地的药物广告、充满"仁爱善意"的健康提示不断给我们的意识传递已知和未知的众多病症，病症还未过来敲门，一部分人已经开门等候着了。

　　记得小时候，我有两个小伙伴，他们两个中有一个非常害怕蛇，另一个却让蛇非常害怕他。怕蛇的那个，平时见到绳子就以为是蛇，他敏锐地观察着四处，唯恐某个角落会忽然窜出条蛇，而他却经常遇到蛇，甚至有一次他被蛇"追"了一路；另一个不怕蛇的朋友总是无忧无虑地在草堆里打滚，如果他遇到蛇，蛇反而不敢动弹，乖乖地被他摆弄。

　　心理学家Cone说，一般情况下，人的头脑受反效果定律支配，我们往往会撞上那个我们尽力要避免的东西，因为我们所害怕的事会变成我们意识的焦点。

就好比一个在路上骑自行车的人，看见前方有一小块石头，他担心自己会撞上去。他越是担心那块石头，石头的威胁就越大。结果，石头整个占据了他的思想，使之不可避免地撞上去了。

　　病症也不例外，它一直存在，一直游走于人群当中，单从内在这个角度说，当我们将意念聚焦于病症，病症才有可能被我们的身心捕捉并被我们体验。病症的发生必须经过我们的"允许"，无论是有意还是无意。

以0的力量接纳心理问题

头脑喜欢标准，喜欢正确，于是我们就会朝着想象中的理想方向努力，而在努力的过程中会产生很多冲突，最终往往总是事与愿违。

很多小问题甚至不是问题，因为我们的极力抗拒而变成大问题，并越发严重。

有个小孩刚开始有些口吃，父亲为了修正孩子的口吃，每次孩子开口说话时总是紧张地看着他，时刻准备提醒。

然而父亲越紧张，孩子也跟着越紧张。

父亲忍不住说："我我我我，我什么？慢点说……"孩子更不会说了，不但开头时说"我我我"，表达过程中也不断结巴。

眼看儿子越来越结巴，父亲对此变得愤怒，不知从何时起开始动用武力。只要孩子结巴，父亲会毫不客气地给孩子一巴掌，说要给孩子留下深刻的记忆，省得总是健忘。

结果孩子的结巴不但没有得到改善，反而一听到父亲的名字或者父亲走过来的脚步声就会开始结巴，而且还多了个毛病，只要开始说话，就会不自觉地往后退几步。

头脑以为自己能够以理性来说服和摆脱那些内在的、不堪入目的、不符合大众标准的、影响完美形象的所思所想所为，但它的努力往往是徒劳的，有时甚至会起到火上浇油推波助澜的作用。

一个农夫正要出门，来了个孩提时候的朋友。

农夫说："我已经答应要去看一些朋友，改变预约很困难，这样吧，你在我家等着我，我会很快回来。"

朋友说："不，让我跟你一起去吧！只是我的衣服很脏，要不你借给我一件干净的衣服吧！"

农夫觉得这个主意很好，于是给朋友找了件衣服——是他从未穿过一直珍藏的、非常华丽的外套。

当朋友换上衣服出现在农夫面前时，他有点惊讶了，他的朋友看起来像国王一样，相比之下他却像个仆人，农夫心里有些后悔，甚至开始自卑。他在内心极力说服自己："只是件衣服而已，送给他都可以，我不在乎，他并没有比我高贵。"他试着心里只想着自己如何的大度、如何的自信，但他越是用理智告诉自己，那件外套就越占据他的头脑。

两个人走在一起，行人都在看他的朋友，而没有注意到他。农夫开始觉得沮丧，他表面上与他的朋友聊着天，但是内心里想的只有衣服。

他们到达了所要拜访的朋友家，他向主人介绍这位朋友说："这是我的朋友，孩提时代的朋友，他是一个很可爱的人。"突然间他迸出一句话，"他穿的衣服是我的。"

朋友吓了一跳，主人也吓了一跳，他自己也意识到这句话不该说，但是已经太晚了，他懊悔自己的失言，内心暗自责备。

走出朋友家的时候，他向穿着他衣服的朋友道歉。

朋友说："我得走了，你怎么可以说出这样的话！"

农夫说："请原谅我，那句话是怎么讲出来的我自己也搞不清楚。"但他知道，那个思想是他的脑海中浮现出来的。

他们又出发去另一个朋友家，路上农夫下决心不再说那件衣服是他的。

处于内心冲突的状态下，农夫和他朋友两人进入了朋友家，他小心翼翼地开始说："他是我的朋友。"但是他意识到没有人在注意自己，每个人都以敬畏的眼光看着他衣着华美的朋友。

突然间有一个强烈的念头在他的脑海中升起："那是我的衣

服！"但是他再度提醒自己不要谈关于衣服的事，他已经下定决心，"不论贫富，每个人都有某种衣服，不是这种就是那种，那是不重要的。"他又对自己解释，但是那些衣服就像钟摆一样，在他的面前来来回回地摆动着。

于是他重新再介绍："他是我的朋友，一个孩提时代的朋友，是一位很棒的绅士。至于那些衣服，那是他的，不是我的。"

那些人都感到惊讶，他们以前从来没有听过这样的介绍："那些衣服是他的，不是我的。"

等到他们离去之后。他再度向朋友致十二万分的歉意，他承认这是一个重大的失言，现在他对什么要做什么不要做感到很混乱，他说："衣服以前从来没有像现在这样抓着我，老天爷啊，我到底怎么了？"

朋友十分气愤地说不愿意再跟他继续走了，农夫抓住他的手说："请你不要这样，我会感到终生遗憾的，我发誓不再提有关衣服的事，我发誓，不再提起有关衣服的事。"

接下来他们进入了第三个朋友的家，农夫很努力地克制住他自己，不提有关衣服的事。为此他全身冒汗，简直是精疲力竭，他的朋友也很担心。

农夫被焦虑弄僵了，他很慢而且很小心地说出每一句话来介绍："来见见我的朋友吧。他是一个老朋友，是一个很好的朋友。"

他犹豫了片刻，感受到内在的一股压力，他知道他敌不过这一股冲动，就大声地脱口说出："那些衣服？对不起，我不说！

因为我已经发誓不再提起那些衣服了！"

如果把上述心理问题比喻成打过来的力量，把我们的抗拒比喻成还击回去的力量：那么当心理疾病以10个单位的力量打过来的时候，如果我们也以10个单位的力量迎过去，双方就会进入一种持续抗衡对峙的状态；如果我们的力量小于10，但还是有一定的抗拒，那么起初我们会被打倒。如果心理疾病的力量不至于让我们死去，那么经过一段病痛后，其力量逐渐削弱，一直削弱到与我们所持有的抗拒力量相等为止，从而又进入持续存在状态；如果我们的力量大于10，那么心理问题会被我们打倒，症状会暂时消失。是的，只是暂时的。因为心理问题不会无缘无故地消失，它必须得到释放。如果我们的力量超过了心理问题，那么它会暂时隐藏起来，蓄势待发。到下次发作时，心理问题的力度也许会超过10，甚至达到100。只要我们与心理问题冲撞，那么最后的结果只会是不断地强化病症，持续喂养它、壮大它；只有当我们以0的力量，即坦然面对它、接受它并积极地想办法改善它时，它才可能完全消失，因为它被完全释放了。

这种以0的力量来接纳心理问题的做法看起来似乎非常荒唐，但实际上这种"无为"的状态拥有非常大的力量。因为这种状态是我们完全放松的状态，我们在完全放松的状态下方可激发自己内在的无限潜能。

不做自作多情的剧本主角

朋友隔壁的公司有个帅哥，进进出出经常见面，但两个人从来没有说过话。

尽管没说过话，但朋友心里觉得他已经认识她了：他知道他和她是同一楼层的，他知道她是隔壁公司的，他甚至有可能知道她的名字。

朋友的想象越来越生动，以至于感觉到他好像在关注她，他好像不时地创造机会要认识她，"不然，怎么会老是在走廊上碰到他呢！"朋友心里嘀咕着。

然而，一件偶然的事情彻底打破了她的幻想：他和她一起坐电梯，电梯里大概有六七个人。她就站在他的前面，她开始有点紧张，心跳加速，"他就站在我的后面看着我呢……"，正当她思绪流淌的时候，他和她所在的楼层到了，他从后面对她说："劳驾，让一下。"她震惊了，原来他根本就不知道她和他是同一楼层的，他更不知道她是隔壁公司的……

朋友失望极了，同时忽然明白了过去一段时间里自己是如何多情地编造故事并投入地扮演角色。

朋友苦笑，说道："我发现自己太自作多情了。"

听到朋友的故事，我也想起了自己很多的经历。我何尝不是如她一样呢，甚至比她还自作多情。

我曾经总是担心被别人看到或被别人议论，因此给自己制造出众多烦恼及障碍：我穿这衣服会不会太难看？我这么说人家会不会笑话我？

……

现在想想，真的太自作多情，太自以为是了。当然我这些想法是因为自卑，而现在回头梳理发现，自卑其实也是自恋，是自作多情。

自作多情主要指太在乎别人，自恋地以为自己就是世界的焦点。而实际上我们很多时候都活在自己的世界里，在每个人的世界里只有自己才是中心。

我们不太可能成为别人世界里的焦点和中心，尽管有时看似这样的事情在发生。真相是：那些关注我们的人之所以关注我们，并不是因为我们是世界的中心，而是他们从我们的"事件"中想吸取些谈资，打发些时间，填充他们自己的空洞而已，他们很快就会忘记我们。

每个人在自己的世界里是中心，就如我们自作多情地以为自己是世界的中心一样，他人也正陶醉在自己的世界里。关注别人是需要成本的，尤其是长期的关注，而很多时候，关注别人的背后存在着自我的意图，自我也许从关注对象的过程和行为中得到了安慰、鼓励甚至是满足，总之从深层来讲，关注的终点会落到自己的身上。我们都在自己的故事中扮演着自己。

多情是一种极度盲目和自以为是的作为，它常常带来痛苦。当我们太在乎别人、太爱自作多情的时候，要么让我们表现出太高估自己，要么就是太贬低自己，从而滋生众多烦恼。自作多情就是自己制造出来的多余的"故事情节"或是"心理情结"。其实我们想象的那些外在和别人对我们的关注和评判多数是不存在的。

极度多情者又被称为"自恋狂"，这是一种病态的心理。自恋狂者极度多情地信任自己的力量，总是以为自己会影响到别人，总是以为别人都在向他看齐，这种情结的根源多数在童年时期形成，多数因为没有充分地经历童年，过早成熟，于是对事情过于认真，过度在乎别人，实际上是心理上过度渴望别人的关注。

"多情"是自我的一种特质，适度的多情犹如轻风拂过湖面，引起心绪的荡荡波澜，或是快乐或是烦恼，可以为我们生活增添色彩和另一种味道。

自我的想象力非常丰富（即自作多情），自我是我们不可分割的一部分，于是我们也不必一味指责自我，一味认定它是多情和自恋的罪魁祸首。实际上，如果我们能够以积极意念来引导自我的想象，同样可以产生积极的影响力，正如它能够创造痛苦一样，它也可以创造幸福快乐，并与本我融为一体。

第三章
CHAPTER THREE

转化痛苦的种子

任何物种的存在都需要依赖某种最根本的条件或者规律，如果这些条件或规律不成立，那么，这些物种也就不存在了，人类的存在也如此。

生存和繁衍的本能是最根本的需要，适用于所有物种。生存本能包括：规避危险、避免受伤害的恐惧，适应环境及顺从身体构造的规律性，学会生存本领的探索及开创精神等。繁衍本能包括两性吸引等。作为人类，对家族系统的平衡及活出生命本意的冲动等也归属于本能部分。

这些本能的需要必须被接受和尊重，违背天性会带来破坏性的后果，病症是其先锋部队，也是我们本能保护的一部分，此类病症的发生虽然是被迫的，却也是我们内在主动选择的结果。

知道了这些，我们就能在不断的自我觉察中，发现智慧的种子，进而转化那些痛苦的种子。

性，是我们与自己建立连接的近路

性是我们内在不可被磨灭的原始能量，它需要开花、结果，它需要被经历、被享受，然而自古以来，人的头脑认知以及生活经历中所形成的偏见往往会成为阻碍它的力量，从而使我们经受身体的病症或心灵的苦恼。

美美曾经经历过两次轰轰烈烈的热恋，最后都以"莫名其妙"的分手而告终，但她自己非常清楚其中的缘由：美美对恋人间的亲密行为有一种无法遏制的恐惧。每次，当她与自己心爱的男孩做出比较亲密的行为时，她就会浑身发抖、呼吸急促，甚至会晕倒。这样的经历有过几次之后，男友就慢慢疏远她了，她自己也无法接受。

于是，美美再也不敢谈情说爱了。

这次，美美遇到了一个痴情男，男孩被美美的魅力所倾倒，发誓一定要跟她在一起。美美实在招架不住，更重要的是不想耽误他，于是向痴情男说明了自己的问题。痴情男听后觉得其中定有原因，带着美美去了一家著名的心理咨询机构。

通过与美美交流，咨询师发现美美有一个不同寻常的家庭。在外人眼里美美拥有一个富足且美满的家庭，但实际并非如此：父母因为性格不合很早以前已形同陌路。父亲在外面有情人，母亲在家里成了十足的怨妇。母亲把所有的怨恨都发泄在美美身上，母亲常常责骂父亲，责骂天下所有男人，然后时不时地提醒一下美美"天下的男人没有一个是好东西"。母亲认为男女之间无所谓爱，也就是"那档子事"，它会让人堕落，让人发疯；凡是留住男人的女人都是狐狸精；能够长久在一起的男人和女人，一定是以肮脏交易为基础的奸夫淫妇……

美美在这样的环境里慢慢长大，虽然随着年龄的增长，她对爱、对异性有懵懂的好感，但记忆中父母吵架的场景、母亲没完没了的唠叨和哭诉常常跳出来提醒她"不要误入歧途"。

她不知不觉形成了对两性关系、亲密关系的恐惧和排斥。

于是她的内心产生了强烈斗争：一方面是作为人的本能需求，一方面是从小经历、接受和被验证的信念体系。对于这两股力量的冲突，美美对任何一个都没有了解和探究，她只是默默接受着所降临的一切，默默地把自己锁在自己和母亲的世界里。

于是发展到现在，当她以本能冲动与自己心爱的男孩亲热时，头脑里的信念系统会马上启动防御抗制，对每个细胞发出警报："天哪，这种行为非常肮脏，而且这么做的后果不会幸福，不能再继续了，必须停下来！"于是美美就开始发抖、气喘，甚至晕倒。

美美第一次正视自己的问题，原来自己并非有怪病，只是内在的两股力量在较量而已。

后来，美美经过了几次心理治疗，又在痴情男的精心呵护和无微不至的疼爱下走出了自己给自己设的禁区，幸福地走进了婚姻的殿堂，孕育了可爱的女儿。

《礼记》中写道："饮食男女，人之大欲存焉。"意指人生离不开两件大事：饮食和性欲，即生存和繁衍。

是的，性是人生大事，我们必须正视和正确看待它。性的本意也不在于乱交或数量的多寡，性的本意是要我们全然地经历而让它升华为爱，让它成为与自身连接的桥梁。

性是我们与自我连接的最近的路。每次全身心的投入或者经历都可以使我们瞥见人性，只要我们心存善意，真心去爱，那么一定可以遇见另一种美。

担心的源头是恐惧，而关心的源头却是爱

初为人母的小唐对女儿的关心呵护可谓达到了"捧在手里怕摔了，放在嘴里怕化了"的地步。自从有了女儿，她就逐渐做起了全职太太，她发誓要做个好妈妈，让女儿得到最好的照料。

她用心查阅相关资料、信息，又与多位专职妈咪交流后，制订了一些家中育儿的明文规定：女儿吃的奶粉必须从香港买；穿的衣服和玩具必须每天进行消毒；每天需要定点出去呼吸新鲜空气；每周需要到户外与大自然接触；玩伴需要经过严格筛选。

为了让女儿吃到带着"爱"的饭菜，她特意将父母接了过来。小唐认为保姆只是为了钱而工作，买菜时不一定能做到用心挑选，做菜时不一定能保持良好的心态。

总之，女儿就是全家的中心，甚至是全世界的中心。

……

女儿开始蹒跚学步，女儿充满好奇地要摸摸的行为被他们家人阻止，想捏捏的对象需经他们家人二次处理后，女儿才可以捏。女儿完全生活在充满爱、无任何危险以及如同真空般干净透亮的环境中。

按理说，这样的呵护本应让孩子健康快乐地成长。然而结果恰恰相反，女儿刚满一周岁的时候得了哮喘，并且隔三岔五地反复发作，总也不好。同时，不知何时起女儿又多了个毛病——过敏。刚开始时花粉过敏，不能随便到室外；后来对原本一直在吃的奶粉、鸡蛋、牛奶、牛肉等也开始过敏。后来，过敏的范围越来越大，以至于吃任何东西之前都需要测试，连吃普通的零食都需要看配料表。

小唐非常苦恼，非常自责，她认为自己没有照顾好孩子。她要进一步提高做妈妈的技能，于是她去参加了父母课堂。

课堂内容却让她很震惊，老师认为，现在的孩子之所以出现一些症状，其实并不是照料不够，而是照料过度。并且当场指出小唐女儿的问题就是因为被关注和限制得太多，使得孩子无法自由活动，无法自由选择。小唐女儿所表现出的哮喘的病症，其深层之意是"我被你们限制得无法呼吸了"。小唐恍然大悟，她觉得老师说得也许有道理，回想细节，确实每次女儿出现哮喘都是在经历过一些被限制或细心保护的过程之后。

那么女儿的过敏呢？过敏也是因为被限制的后果吗？老师认为过敏的原因比哮喘更深一层，是因为"小唐们"——作为父母长辈的大人把自己对外在世界的极度恐惧、极度敏感投射到了孩子身上，孩子又以相同的模式投射出来，于是对外在"恐怖"的世界过敏，父母越紧张，孩子越过敏。孩子对外在世界的探索天性被剥夺了，而填充她的只有大人的恐惧。长此以往，后果很严重。小唐吓出了冷汗。不过还好，既然孩子的过敏由家长的投射引起，它也可以通过改变家长的行为、态度来加以改变。

其实小唐并非特例。我们总是以自己坚硬的标准和有限的认知来限制、误导和干扰孩子的成长和学习。摔和疼本身就是生活和学习的一部分，而人们却片面追求"好"的一面，我们心中充满着恐惧，心疼孩子暂时的疼痛，甚至没有想过疼痛是不是暂时的，我们谈痛色变。当今，逃避可遇见的疼痛或者向往顺心舒适已成为流行时髦。痛和不顺是可耻的、无能的、不被接受的，这样的观念越来越强势。

家长怕孩子摔，是对疼痛、对成长的拒绝和恐惧。当我们恐惧的时候，视线和思维会变得狭隘和死板，从而会限制或控制孩子自由探索的步伐。其实，恐惧是家长的，孩子们并不知道恐惧。大家也许都有过这样的经验或听闻：某个小孩在人们难以想象的险情中只受到了轻微的擦伤甚至是毫发未损。其实这并非什么奇迹，因为孩子心里没有恐怖的想象和个体认为的预设系统，他们总是会用本能来行动，所以他们在正常情况下是不会受到不必要的伤痛的，而恰恰相反，由于家长们给孩子传递了过多的担心和恐惧的信息，孩子周围全是这样的负能量，于是，某些不理想的状态就会非常合乎家长们心里预盼的那样出现。没错，这里我用了"预盼"这个词，就是表明这个结果是家长们预盼来的。

家长很多时候给孩子的是担心，而非关心。担心和关心从表面上看没有太大的区别，但从本质上讲它们的出发点不一样：担心的深层源头是恐惧；而关心的源头却是爱。

担心是一种焦虑和不信任的状态，担心的人其想象中更多的是可怕的事情、不如意的事情、不想接受的事情成了事实，然后心里充满焦虑。

关心是一种比较平和并且信任的状态，一种尊重事态本来样子的状态，其背后更多的是祝福。

其实担心和关心的转化常在一念之间。只要我们持有尊重的态度，那么担心马上可以变为关心；如果我们再放下期望，那么关心即可成为真爱。

学习做父母吧，如果无法引导和扶持孩子，那么至少不要去干扰孩子。以信任和祝福的心，关爱我们的孩子吧！

平衡才是健康之道

最近接连收到朋友及熟人的病讯和意外消息。

"亮亮得了白血病。"朋友在电话那头哽咽着说。经过医院检查，原因主要是装修污染——甲醛超标。提到这里，朋友非常痛苦和悔恨，"哎，当初确实想省钱省事，也就没有太在乎产品指标，再说我们也不懂呀，都包给装修公司了，搬进去之后并没觉得有什么异味，我们也经常开窗透气，怎么就偏偏是亮亮呢……"

朋友"野人"来北京检查眼睛。他的眼睛总是奇痒无比，还会火辣辣的疼，最近看东西很模糊。

"野人"非常喜欢探险，自从早些年去了西部，他就喜欢上了那里，喜欢上了沙漠。他这种随性而至的活法遭到了父母亲人的强烈反对，但他仍然坚持，并且在那边娶妻生子，过着洒脱的日子，只有一样美中不足：也许是他生在水乡的缘故，他对西部的天气和沙尘并不适应，常常感到眼睛干涩。这种干涩与不适后来逐渐发展成了视力障碍。

我们身上会出现很多种环境外因性病症，如同亮亮和"野人"的遭遇，看起来只是个体的偶发，其实更有地区性病症、全球环境变化的外因性危机等因素。

我们承受着环境外因性病症的蹂躏，人们看似是受害者，然而，如果我们换个角度或者站的稍微高一点就会发现，环境外因性病症并非纯属"外敌入侵"，它依然是我们与环境和自然的整体系统及不同子系统之间的内在活动而已。

万物相连，我们并非独立的存在，我们是宇宙大家庭中的小小分子，大家庭的任何一部分发生变化都会波及其他部分，正所谓"南美洲亚马逊河流域热带雨林中的蝴蝶拍打翅膀，两周以后会在美国得克萨斯州引发一场龙卷风"，这绝不是夸大其词。尤其当某个分子的原本平衡受挫时更会明显。我们的身体是个小宇宙，它与大宇宙是息息相关的，大宇宙的平衡受挫会影响到我们小宇宙的健康和发展，比如大气层、土壤、水质、气候等发生变化，这些我们赖以生存的自然环境的失衡或被破坏足以让我们病倒，甚至会夺取我们的生命。

同样，我们身心的平衡发展受挫也会影响到大宇宙的"健康"。其实一直以来，我们对大宇宙的影响（破坏性）比大宇宙对我们的影响大很多。如臭氧层被破坏、全球暖化、北极冰川融化等全球性的自然事件，都是我们人类以自我为中心的贪婪及缺乏远见的愚蠢掠夺所导致的结果。这些自然平衡被破坏的结果又回应到我们人类的身上，也波及了其他生命体。

　　平衡发展是"大道"。我们正经历着越来越多稀奇古怪的病症，而其中不乏因为失衡而导致的病症。

　　平衡包括我们人体内部小宇宙的平衡，还包括孕育我们的大宇宙、大环境的平衡。实际上小宇宙和大宇宙的平衡是相通的，当有自然灾害或异常情况发生时，我们应该多多反省，反省我们的所作所为，问问我们自己到底有哪些过度的行为，包括作为和不作为，哪些事情应该做而没去做，哪些事情不应该做而做了，这些都是"度"的问题，即平衡问题。"平衡"贯穿所有存在，是万物生存的一种根本规则。

　　对人体小宇宙的平衡而言，任何"东西"的过度摄入或过度缺乏都会导致不适。从这个意义上讲，世上并不存在绝对好的东西，也没有绝对坏的东西，用得着的就是好的。黄金白银好不好？我们都在拼命追求它，都认为它是好的，但是对一个将要饿死的人来讲，送他黄金白银好还是送他一个馒头或一碗粥好呢？

　　所以，健康是懂得平衡。中医认为健康是"正气内存，邪不可干"的自我稳定的生态平衡状态。正气是指人体自身所具有的自我健康能力，当人体的正气足时，病邪是无法干扰的。只有当我们内在的正气不足，失去自我稳定的生态平衡时病邪才会得逞。于是中医通过调节人体阴阳平衡来达到治病的目的。也就是说，疾病康复的关键在于恢复人体的自主调控能力，恢复人体的平衡态，任何药物使用的目的都是在为恢复身体平衡机能提供辅助。被西方尊为"医学之父"的古希腊著名医生希波克拉底就曾说过："大自然治病，医生只是助手。"

当有问题在自己身上发生，这可能意味着我们的身体内在环境或者外在环境存在失衡问题。如果找到了失衡的"点"或原因，那么就可以围绕这个下功夫，从而使身体内外环境最终恢复平衡。

觉知内在冲突就会避免外在事故

有一天，儿子在家门口停放的车的阴影下蹲着玩拼图，也许他玩得太投入，没注意到隔壁家的叔叔钻到车内并启动车子。

当他忽然意识到自己正蹲在已经启动并好像马上要撞到自己的车旁边时，被吓坏了，只见他在那里原地不动地哭喊，他好像不知道该如何躲开，甚至不会挪步了。

当时我正好在接电话，听到儿子的哭声看了他一眼，没觉得有什么异样，所以没有马上过去，等我接完电话再过去的时候，发现他浑身都已经湿透了。

我过去之后大概明白他哭的原因，只是觉得这样的表现有点太过："哭什么哭！叔叔在试车呢，不开走的。"我讲了一大堆道理，哄了哄他，就把他抱回了家。之后他便恢复如常，又开心地玩起来。我也很快忘记了刚发生的这一幕。

晚上，我们一家三口准备看一部电影再睡觉。开始时看得挺好，大约过了半个小时，儿子开始闹，老往我怀里钻，并要我陪他睡觉，我看得正入迷，心里很不高兴，把他往外推了好几次。

后来由于他不断地闹腾，我开始觉得不太正常，感觉他好像很难受，我摸了摸他，天啊，他突然发烧了。我开始重视起来，一边抱他一边哄着，跟他一起躺下来。心里有很多疑问，我不认为这是感冒，那到底是怎么了呢？

忽然意识里闪过下午那一幕，哦，莫非是当时他感受到了莫大的恐惧，但是没有被我们察觉到！

于是我开始做"清理"："宝贝，下午在车下面吓着了吧？妈妈知道你害怕了，妈妈现在在你身边。宝贝是安全的，有妈妈保护你，你是安全的……"说到一半儿，儿子已经出汗，开始退烧了。

孩子无来由的发烧（这里所谓无来由，是从我们习惯的认知范围来讲的，如没有感冒迹象或者并没有存在可能导致感冒的传染源等而发生的发烧）背后，往往有未被接受的情绪存在。这些情绪，多数是孩子内心所发生的一些恐惧、失落、委屈等，因为他们尚不会用语言完整正确地表达自己。

当孩子的恐惧已经被看到，情绪已经被表达，蓄积的负能量就被释放了，整个人的能量再次处于健康守恒状态。

实际上，人的情绪也是一种能量，它发生后不会无缘无故消失，顶多是转化或沉淀。很多时候，身体上的病理反应是由于情绪没有得到适当的表达或释放。所以，当我们心有情绪时，应该及时把它表达出来，负面情绪（如恐惧、悲伤、愤怒、羞惭、怨恨、沮丧、罪恶感等）尤为如此。当这些压抑的情绪通过被看到、被接受而得到释放。反之，如果这些高能量的情绪无法表达出来或释放掉，那么它们必将以另一种面目来爆发，或者沉淀成某种我们较难察觉或辨认的诸多障碍。

情绪的表达和释放并不复杂，只要我们以其原本的样子接纳它即可，并且对它表达"我已经看到了，我接受，我允许你存在"即可，千万不要担心由于我们允许它存在它就真的存在下去。其实结果恰恰相反，当我们温柔地拥抱它的时候，它往往会失去持续存在的力量。

当然，情绪释放的必要性并非只针对小孩子及其无来由的发烧，其实它是通用的法则。只要我们用心关注，我们会很容易觉察到自己的情绪如何在影响我们自己。我们可以将内心的真实感受藏得很深，可以欺骗外人甚至自己，但绝对欺骗不了自己的身体，我们的身体会以不同的方式为那些被压抑的、未被表达的、未被释放的能量或情绪寻找出口。

著名的心理大师荣格曾提到："若是无法察觉内在的情境，它们就会投射出来变成外在的命运。"也就是说，一个人若是无法觉知到内在的冲突，那么外在世界就会逼不得已将那份冲突"演示"出来。

直面，带着疗愈成长

　　珍姨得了糖尿病好几年了，她常常不解自己怎么就得了糖尿病。因为可能引起糖尿病的不良生活习惯以及可疑的家族病史等她都没有。

　　被确诊糖尿病后她的饮食也没有陷入严格控制和标准化的流程，她讨厌那种缺乏乐趣、处处受拘束的生活，她是个内心强大的女人，她总能把握分寸。

　　一直以来，珍姨的经历比较坎坷，但她坚强和自主：她从小没了妈，由奶奶带大，20岁时嫁给了同村憨厚老实的李叔叔，只是家里很穷，日子过得非常辛苦。同时，婆婆尖酸刻薄，她做事说话都很小心。

后来接连生了三个孩子，生活更困难了。为了参加生产队的工作多得工分，她让5岁的大女儿看着摇篮里的小弟弟，自己天未亮就下地干活儿；大概估计着小儿子可能醒来哭了，还有大些的两个女儿可能也都饿了，所以她上午九十点钟需要回家一趟，回来的路上她也会割些猪草（夏天）或干柴（冬天）背回来。料理完孩子们及家务活儿后下午她还会下地干活；晚上，做鞋或者做衣服，包括给自己家人做的以及给邻里乡亲们做的。

她几乎每天天未亮就起来，到深夜才会睡觉。拼搏了几年，日子也慢慢好起来，其间给小叔子娶了媳妇，自己也盖了新房子。然而，随着孩子们一天天长大，家里的负担又重了起来。她总是为了多挣些钱而劳累，同时也想尽办法把有限的钱用得最合理，让大家都舒服。她说这个比身体的劳累更让她"劳累"，但她总能安排好。她为了不让孩子们看到家里的困难，每次的学费总是会想尽办法提前准备好：她常常提前几个月甚至更早的时候就开始琢磨可能借到钱的目标或者可以换钱及卖钱的东西。孩子们看到的一直是健康强大的母亲。

一直以来，生活虽然辛苦，但都还在她的掌握当中。

然而，八年前发生的事情彻底让她陷入混乱及悲伤当中：珍姨最小的儿子由于年少气盛，与别人打斗时伤了对方被关进了监狱。从此，珍姨的生活一直处于失控状态，虽然四处打探和活动，但一直未能把儿子释放出来。

珍姨憔悴了很多。虽然她依然坚强地撑着整个家，依然有条不紊地筹划着所有的事情，包括儿子的事情。

儿子进去后的第二年珍姨得了糖尿病。珍姨说，那年她已经彻底没有了行动力，更没有了掌控力。

珍姨一直是生活中非常要强和具有掌控力的人，由于她儿子的事情她彻底陷入混乱，她在生活中遇到了无法控制的一面，投射到身体上，可能就表现为她的"糖"失控了。

在生活中，我们会有很多无奈，很多无助，无论我们如何的努力和不甘心也没法逃避。

我们所经历的一切，不单单是一个物理、物体以及事件等的发生、创造、加工、操纵及结束的行为过程，它还会是一种内在的喜怒哀乐等各种心绪的交替变化以及沉淀释放的心路历程。

由于每个人的特质不一样，各种心绪在我们内在留下的痕迹（沉淀或释放）及作用力也不同。有些人敏感多疑，心绪起伏较快，受外界影响较多；而有些人刚强有力，心绪稳健，处处体现出对外界的掌控力，不轻易被外界所扰。如果生活中果真出现失控的局面，后者不会低头去释放或表达内心的悲伤和无助，相反，会表现得更坚强镇定，还会去安慰其他局外人，若无其事地说："没事，一切都会过去的，一切都会好的。"

"一切会过去，一切都会好起来"，它的背后是一颗坚硬的心，这颗心不容许自己悲伤、不容许自己软弱。无论何时，里里外外，它都需要刀枪不入。珍姨就是如此。她一直是生活的强者。她习惯以强者来表达自己，于是，内心深处的软弱和无助被她杜绝在意识之外，它们无法以正面合理的途径得以释放，它们只能偷偷地、悄悄地寻找出口，而这个出口往往就是各种各样的病症，所以这些病症常常还具有一定的隐喻。

我们是身心的统一体，任何一方面的压抑及伪装都会在另一方面得以真实和本意的体现。我们可以欺骗别人，但欺骗不了自己的内心；我们可以欺骗内心，却欺骗不了我们的身体。

生命，原本可以直面，可以带着疗愈成长。

面对和拥抱受伤的自己

我曾经有个不痛不痒的小毛病，就是大腿外侧发麻，有时会麻到没有知觉，这种麻痹感跟随了我十余年。

前年过年，我在家休息放松了好几天，心情非常舒畅和宁静，大腿也丝毫没有异样。后来，我和一位心理医生的朋友探讨了这个问题，于是，高中时自卑胆怯的自己浮现在眼前。

高中，对我来讲是黑暗的三年。虽然老师、同学们都很肯定我，而实际上我也确实很优秀：学习非常好，全年级排名稳定前三名，曾经也是全省文科比赛状元。即使这样，我依然自卑胆怯。记得那天我拿了全省文科比赛状元被请到台上领奖，我都不知道自己怎么走到台上的，更不知道下面的同学们是怎样的表情，我把头埋得很低，我只想早点下去藏起来……

我讨厌我自己。我太胖，太难看，太土气。我穿什么都不好看。我不会搭配也买不起更多好看的衣服。

我讨厌课本中鲁迅的"药"。"药"里面的"华大妈"让同学们引用到我的身上，给我起外号叫"花大妈"。

我讨厌自己在不该动心的时候动了心，偷偷喜欢了别人。

我不愿意被大家看到，我觉得自己影响了校容，影响了市容。我穿什么都浑身不自在。我走路很难看，我笑得也很难看，所以当遇到熟人时我所有的行为动作会开始僵硬。我不愿意看自己，于是我几乎不敢照镜子。

我惧怕遇到隔壁班的小石头。他太淘气，他大老远看到我就高喊"花大妈"。尽管他只喊过那么一回，但我从此就不敢再从他们班的通道走过，甚至听到他的名字都会打怵。

还有，我一直在心里暗暗流泪：Q和M怎么也会当着我的面叫我外号呢？是的，我的人缘还不错，同学们都很尊重我。然而，关系还不错的Q和M居然这样对我。尽管他们俩也都分别只叫过一回。

大家都取笑我，不，大家说得都对。我确实难看、老气。而更要命的是，这样的我还喜欢上了别人，简直是对别人的侮辱。

……

我内心承受着巨大的疼痛，而我的外在却又是一副镇定自如的样子：同学们都很喜欢让我来帮他们解题，我随和、平静，我从不觉得他们耽误了我的时间，我毫不保留地把我所知道的解题方法传授给他们。我有一副很自尊的姿态。然而在此姿态下我却脆弱、敏感。

我对"高中"两个字过敏。我对"小石头""Q""M""S"等名字过敏。同时，我内心那个被遗忘、被藏起来的自己在黑暗里发霉长毛，化脓流血，阵阵作痛。

我大腿两侧发麻，直到失去知觉，这个"麻"的心理原因应该就是不接受自己，不接受高中时候自卑胆怯的自己。我开始随着内心的声音试着去接受和面对：我一遍又一遍地回到受伤的地方，面对和拥抱受伤的自己，原来我的内心居然有如此多、如此剧烈的情绪和伤心。

我哭了两天，随着不断地面对和清理，内心的情绪越来越少了，而最让我惊讶的是，我的双腿就在两天之内奇迹般地恢复了知觉，那"知觉"如此新鲜又真实、敏感又清晰。

经由这样的自我清理，我重新面对和拥抱了那个内心受伤的自己，从身体到内心，那个麻木的自我逐渐褪去，一个新的疗愈后的自己真实而清晰地与当下的自我叠合为一体。

我真正意识到，一个人，当他遇到超乎想象的"恐惧"或者不符合理想状态的"事实"时，他会惯用逃避、麻木、转移、无视等来欺骗自己。这种欺骗是无意识的，它会暂时免除面对"事实或者真相"所带来的"剧痛",同时它也会带来各种各样的后遗症——制造各种混乱（身体的或者情绪的）。

如果不能与那个受伤的自我达成和解，麻木就不会转化，痛苦的那个自我依然在身体的最深处潜伏，而由此所带来的的混乱与不适则将始终伴随。所以，让自己真正放下身心，给自己与内在受伤的那个自己一个面对的机会，痛苦才有转化的可能，痛点才会真正清理干净。

心无挂碍，自然放松

曾经，我每当听到电话铃声就会浑身不自在，尤其害怕自己工位上的电话响起。除了电话声，我还非常害怕工作会议、项目会议，只要是牵扯到需要我做汇报的事情，我都害怕。

刚开始工作的时候，我看到领导就害怕，心扑通扑通地狂跳，有时不敢说话，甚至不知道如何挪步，每每这种情形下还会四肢僵硬，连脸上的肌肉也会痉挛。

你可能会说，这是职场新人的过渡阶段，属于正常状态。没错，很多新入职员工因为没有工作经验，业务上有很多不懂的地方，所以会担心做错，担心失去工作。但是我非新人，我已经参加工作多年，已经是行业内的老手，经我处理的事情和方案一直得到认可和赞赏，只是我那种遇事心跳的感觉和四肢发僵的毛病仍然伴随着我，只是形式上稍有改变。

现在我不是看到领导而害怕，而是当领导或客户问起我工作的事情时，我会心生愤怒。然后脸部表情就会不自然，同时四肢发僵。坐在我旁边的同事有时很不理解我这种表现，她不知道我为什么会有如此愤怒的反应，我自己也很不解。为什么呢？

电话响起、领导说起、客户问起，不管是什么样的话题，我每次都会感到紧张，也能感觉到自己脸部表情的僵硬。

问题愈来愈严重，我必须停下来给自己好好做个功课。有一次，等我静下心来，无任何评判地深度觉察自己的内在活动时，脑中清晰呈现出问题所在：每当领导或客户向我问起工作情况时，我的内在首先进入一种防御状态，我会认为领导和客户是过来发难的，是过来挑我毛病的，于是我就开始愤怒，开始发抖；对电话的感觉也是如此，只要电话响起，我就会认为这个电话是客户或同事在找我问责……

正是由于这样先入为主的假设，时间久了，也就形成了后来模式化的反应。

我继续关注着自己的内在状况，发现自己内在有很多假设的、虚幻的恐惧，我发现自己希望受人欢迎，希望别人眼中的自己完美无缺，希望工作中事事顺心，希望一切尽在把握中。

由于持有这些希望，自己内心充满恐惧和担心，担心事情发生意外，担心出现掌控以外的事情，担心受到指责，担心让人失望。

我这样担心着，同时也万分地排斥着，所以就会产生一些身体的僵硬状况。这是自我幻想或头脑想象所产生的消极防御。

这样的防御模式与我们本性具来的自我保护功能不同：我们本性具有的自我保护功能并不假设危机状况，它不会思前顾后，它只是当下做出反应，是一种积极、自然、放松状态下的保护和防御；而我头脑中的恐惧所产生的保护和防御不是当下的，很多时候是先入为主的、思前顾后的，是一种消极的、人为的、僵硬的戒备。

我静静地看着自己内在的行动，也积极对此采取措施：首先我告诉自己我很安全，自己的工作已经很出色，即便存在一些不足，那也是正常的；每个人的喜好是不一样的，我就喜欢红色，却遇到了喜欢白色的客户或领导，他们会说我做的这个风格不好，难道真的不好吗？其实也未必，只是他们的喜好与我不同而已。我可以根据实际情况应对，无论我是坚持还是放弃己见，都与我的内在无关，我不需要拿这些事来证明自己是"对的""有价值的""能干的"……于是，我的愤怒情绪开始慢慢地减少，身体也不再那么僵硬。

有一次，我随朋友参加了一次太极拳课。

第一堂课，老师介绍说："太极就是修心，通过对身体的觉察与身心互动。很多病症都是身体的僵硬和心理的防御所引起的，而身体的僵硬其实就由心理的防御所导致，现在的人们在忙碌和压力下都不懂得如何放松了。"

我们不会放松？

是的，放松并不是我们以为的"深深地吸入一口气，然后慢慢地吐出来"那样简单。想要真正做到放松，必须心无旁骛。如果心里有很多紧张和焦虑、顾虑和期待，那么我们的身体必定是僵硬的。放松是我们与生俱来的本质，是一种自然状态，并不是努力学会的技巧。

老师接着介绍说："你不可能'获取'放松，你不可能主动达到放松。放松是一种发生，当它发生并遍布于我们身体时，才被我们觉知为'放松'，它是一种心的品质，是心的气息。我们通过练太极试图达到这样的品质。当然，只是试图，至于是否能达成，这个全在于你们的领悟。太极拳的精髓是无为，而太极拳运动是十分主动的。跟随太极运动，我们会慢慢忘掉身体，而成为运动本身……"

我听得入迷，这是太极拳还是心理课程？哦，不对，我又在主动分析了，实际上它们虽然看似是两种东西，但殊途同归，指向的是一种东西。我从此喜欢上了太极拳。

紧张、发僵都是心理防御的身体反应，还会带来模式化的动作、表情以及情绪等，进而就是各种各样的心理问题。

原来我们不会放松的是心，一味去刻意放松身体只是自欺欺人。我们的心有太多的束缚、欲求，由此产生了过多的焦虑、防御、失落，所有这些又都凝结在我们身体的各个部位。

　　心无挂碍，活在当下，放松就会自然绽放。

第四章

CHAPTER FOUR

与内在的自我对话

人们都活在自己的世界里、自己的模式里，这种模式能给我们带来安全感。我们喜欢自己现在的状态，我们不愿意改变，因为我们很熟悉这样的模式，我们愿意通过旧有的熟悉的模式来感受安全。"自我"非常喜欢制造混乱和不适，因为如此，它能让我们感受到深刻的存在感。

我为什么常常处于不幸的境遇当中？

当一个人处于生病或不幸的境遇中时，总是会得到额外的照料或者某些特权：记得小时候家里经济条件比较差，只有在过年过节或者家里来客人的时候偶尔会吃到鸡蛋、喝到牛奶。然而，如果家里有谁感冒了或者不舒服，那就可以及时享受到这样的待遇。当年我曾美慕过正在感冒中的兄弟姐妹。当然，我也会因感冒而得到这样的待遇。

上初中时，我都寄宿在学校，每个月统一放假一次，但这一点假期对我来讲远远不够，我几乎天天想家。老师和家长对我的要求都比较严格，尽管我非常想家，但不能随意请假。不过也有特例的时候：当我感冒了或者身体不舒服，家里会来人看望，我也会被允许回家休养几天。

在高中时，男孩、女孩们都开始有了小秘密，总想找一些理由来接近心仪的对象，感冒或不舒服就是一个非常好的机会和理由。每当我病倒了，就可以名正言顺地向我心仪的对象寻求帮助：可以让他陪我去医院，帮我拿药、打饭、打水或者帮我记笔记、补课等。

我的二哥一直不爱上学，但父母都非常希望他能通过念书来改变命运，于是，无论他如何不爱上学，但父母都坚决不同意他辍学。后来他上了初中，老闹肚子，隔三岔五就需要休息，才过了一学期，由于落了太多课程他被留级了。新学期开始后，他的病情并没有好转，到最后他因病"被迫"辍学了。

很多人都有因为生病而获得特殊照料、获得好处的经历。刚开始时，获得这种"好处"对我们来讲是个意外的经验。但是，如果这样的"好处"总是与病症一起出现，那么我们的潜意识就会开始"思考"和总结，认为身体不适和获得照料或获得某些特权是有直接关联的，我们可以通过身体不适来实现很多内在隐藏的、不能通过正常努力而达成的愿望。于是，原本无目的的生病往往就会变成有目的的生病，如果通过生病而实现内在愿望的尝试总是获得成功，那么生病就会变成我们的工具——获得某种好处的工具。

利用生病来换取好处，这种模式是我们通过观察、学习和总结而形成的。当这种模式一旦形成，我们就会无意识地动用它，我们的外在会真实地经历一场疾病。

这是个听上去有些奇妙同时也让人后怕的模式，显然，没有人希望这种模式得逞。想要避免无意识动用患病的方法就是要对其有意识，要看清楚我们内在真正的需求。我们不但需要看清楚自己内在真正的需求，而且应该看清楚与我们亲密关联的其他人的内在需求，这样我们就不会盲目地利用生病或者不会无知地被他人的患病所控制了。

除此之外，还有一点就是不要在病症期间给予自身太多的关照以及特权，这样可以修正内在利用生病本身的这一模式。就如用调皮捣蛋、搞小动作和破坏行为来换取父母关注的孩子，如果父母总是如其所愿地放下手中的事物投以关注，甚至笑着拍下他的屁股，这会让孩子感觉更像父母在和自己做游戏，因此当他需要获得关注的时候，就会频频采取这样的方式，直到更加过分。

我是在以一种病态方式吸引关怀吗？

　　气质出众的小关热恋了，对方是比她高一级的师兄，长得一表人才，又是班长和学生会主席。两个人很般配，是大家羡慕的一对。只是小关原本就有点任性且做作，再加上处于热恋中，经常为一些小事情发脾气，久而久之，英俊潇洒的师兄开始疏远和躲着她。从此她郁郁寡欢，经常不是胃痛就是头晕，总是往医院跑，刚开始的时候，当她不舒服时师兄还会关心她并带她去医院，但后来渐渐就不再对这类事情有反应了，索性不再关心和关注她。

　　如此，少了师兄关怀后的某个夜里，小关忽然被剧烈的疼痛惊醒，被舍友紧急送到医院，当然也通知了久违的师兄。

患难见真情的小关好像看到了些复合的希望，但从医院回来后师兄依然对她不理不睬。

第二天夜里，小关又一次被剧痛惊醒，大家急忙出动，叫上师兄再次送到医院，仍然没查出任何问题，同时小关自己也表示到医院时已经不疼了。

那天大家很快撤退，只留下了小关和师兄。师兄明确表示与小关没有未来。

小关痛不欲生地哭了一天。大哭当晚没有异常表现，而隔一天后的白天她发病了，送到医院时只有舍友，师兄没来。这次小关的疼痛比较强烈，痛得大汗淋漓，医生确诊为急性阑尾炎，决定马上做手术。

小关被抬上了手术台。舍友们赶忙把师兄叫过来守在手术室外面。过了40分钟，医生出来告知是急性阑尾炎，患处都化脓了，差一点点就穿孔了……

舍友们面面相觑，看来小关的疼痛是真的，那为什么前两次都没查出来呢？

医生认为这次阑尾炎与前两次疼痛没关系，是突发的，也就是当天刚刚发作的。

小关的急性阑尾炎到底是怎么回事？谁都说不清楚，因为我们经常把病症当作是外在的入侵，而不去考虑滋养其发生的环境及心情等。除了物理性原因，小关半夜剧痛和急性阑尾炎部分是为了吸引师兄，得到师兄的关怀。

不仅热恋中的小关如此，日常生活中的我们也常常如此。为了得到关注和关怀我们会采取各种手段：有的以夸张的行为和表情来吸引注意、有的以胆怯和弱小病态来吸引关怀，也有以完美出色或十恶不赦为手段的，凡是能吸引关注的，"自我"都愿意尝试。其中，患病是非常管用的一种方法。

"自我"需要被关注和被关怀。

要想被关注和被关怀，必须吸引关注。当平常的方法吸引不到关怀时，"自我"往往就会动用非正常方式——患病。而运用此法一旦成功后，"自我"会很容易上瘾，一有什么不顺心就会动用它。

我们的"自我"很聪明、很狡猾，"自我"为了达到吸引关怀的目的，往往会让身体出现病症反应。

如果我们自己是这样的当事人，要敢于看清自我的真实目的，要努力与那种依靠病态模式谋求关怀的方式相剥离，独立思考，将病态的自我抽离出来，审视他、关注他，然后慢慢接纳、安抚和拥抱他。

这样，你才会以自爱的方式获得他人的尊重，最终喜欢上那个可能怯懦但很真实的真正的自己。这同样是欢喜自我，赢得他人的方式，同样是非常管用的方法。

是我心甘情愿选择了瘫痪而无法自立的人生？

敏敏结婚已有十年，外人看来家庭幸福美满。只是她的心里有一些小小的委屈：老公太忙，没时间陪她。敏敏能够做的只有每天的数次电话及几十个短信。刚开始，老公还会耐心地解答，然而时间一长，再加上敏敏打电话的频率越来越高，他开始有点不耐烦，很多时候要么不接她的电话，要么匆匆说两句就挂断。

敏敏向朋友哭诉自己的境遇，朋友非常善意地告诫她：这是男人将要有外遇的表现，他已经开始厌烦你了……敏敏虽然一直在说服着自己，但同时她还是常常感觉自己掉进了漆黑的深渊，找不到方向，找不到位置，周围充满着恐怖的气息。她害怕极了，她感到自己是一个迷路的孩子，一个掉进漩涡的孩子，她多么希望看到指引方向的亮点或能抓到某个支点，但什么也没有，漆黑的空间里，她抓不到任何东西。

她日渐消沉，也不热衷于给老公打电话了，也不再热衷于找人诉苦。家人仍然忙碌着，没有人发现她的变化。

女儿上初中住学校了，她暗暗地高兴了一阵儿，然而老公给她带回一个更好的消息：他要出国深造两年。

看着将要高飞的父女俩，敏敏心里没有任何的兴奋，她脑海里掠过的是隔壁小区的家庭主妇李杰的名字。李杰一直在盼着老公的归来，但邻居们背后都议论纷纷，说她老公在国外已经跟别人结婚了，不回来了。

敏敏摇了摇头，眼前一黑，晕倒了。老公上前扶住她，非常紧张地询问她怎么了。

敏敏还是摇头，原本摇头想表达没事，但忽然又觉得老公这样的关怀和扶住让她很迷恋，她接着摇头，这次摇头想表达"你别松开，扶着我"。不过她只是摇头而已，没说出话。

过了一会儿，敏敏缓过来了。老公认为她是血糖低，建议她去医院检查一下。第二天敏敏到医院查了一遍，一切正常。其实她并不担心自己得了什么病，只是在家也没什么事情，这样出来走走也挺好。

敏敏漫步走出医院，来到不远处的草坪上，三三两两的病人和家属在晒太阳，其中有一对非常吸引她，一位老太太坐在轮椅上，一位老爷爷推着她慢慢地走，有说有笑的，一点都看不出病痛的阴影，让她心生羡慕。

这时接到老公的电话，询问她的病情并接着向她通报将要启程的日期。

敏敏又开始说服自己，没事的，老公出去深造绝对是好事，得支持他。她去商场转了转，为老公挑选了几件衣服，她开始忙碌着为老公送行。

老公真的要走了。李杰也知道敏敏的老公要出国，于是过来送行，顺便想拜托敏敏老公打听自己老公的下落。敏敏不知大家对李杰的议论是否为真，但她心里还是为李杰难过。

"李杰要走了。"老公在叫敏敏，示意让她起身送李杰。

可敏敏一直瘫坐在沙发上。开始时她自己也不知道发生了什么，想要起身时，她惊恐地发现并喊道："老公，我动不了了！"

原来，敏敏的四肢罢工了，不听她的使唤。她瘫痪了。

家里一片混乱，大家都不知道发生了什么。敏敏被送往医院，一直查不出原因。

这几天老公破天荒地一直陪在她身边。敏敏表现得很平静。老公出国的日期临近，大家热议如何处理和决策。敏敏瘫痪的这段时间，老公的生活节奏终于慢下来，全身心地照顾着敏敏。

医生找敏敏老公谈话，向他介绍一种"心因性精神障碍"：这种瘫痪没有器质性病变，似乎患者并不关注自身躯体功能的恢复，而是想保留症状，从中获取某种利益，尽管患者本人通常并未意识到症状与获益之间的内在联系，但病理心理学家认为这类患者存在无意识动机转换症状，这是由患者未觉察到的动机促成的。

医生向敏敏老公详细了解了他们家庭的情况，然后在得到他的同意之后部署了一些治疗方案。

有一天上午，老公兴高采烈地告知敏敏他下午就要登机了，并给她安排了"保姆"，然后收拾东西离开了医院。当天下午，医生过来说要给敏敏检查身体，然后就开始脱她的衣服。敏敏心里万分焦急和愤怒，然后从床上跳了起来。她活动自如了。她冲出病房，在门口撞倒在老公怀里……

原来医生通过了解后，认为敏敏是为了控制和抓紧老公，所以出现了瘫痪。所以医生首先让敏敏老公告知敏敏他要走了，也就是表示：她的瘫痪留不住他，控制不了他，瘫痪就没有了存在的意义。紧接着医生过来为其检查身体，并在没有经过她允许的前提下有点强制性地去脱她的衣服，敏敏出于羞怯和自我保护，便恢复行为能力了。

心因性精神障碍是一种由心理因素所造成的精神障碍。在现实生活中，如遇到急剧或持久的精神创伤或生活事件可使某些个体产生一系列精神症状，由此有可能引起身体上的某种病症。

现在，和自己对对号，如果你本人正纠缠于这样的状况当中，可以尝试与自己进行对话，让自己内心领悟到自己所出现的症状是由自身内在的某种潜在冲突导致的，不断地暗示和强化，就会有康复的那一天。

如果你身边有这样的"病人"，也不妨对其进行积极暗示。因为心因性精神障碍患者通常受暗示性较高，表现出的病症就是受暗示的结果，所以对此类人进行暗示疗法也比较有效。

拖延和拒绝背后的真相

几年前，公司领导提议举办一次演讲比赛，目的是锻炼员工的综合素质。时间定为一周后的周二上午9点，"每个员工必须参加，本周五17点前提交演讲主题"。

同事们接到通知后炸开了锅似的，有的支持，有的不支持。

我听了也非常反感，大伙儿都在加班加点地忙着呢，搞什么演讲比赛啊，用那时间还不如让大家倒休半天，恢复恢复体力呢，我不只心里嘀咕着，还坚定地站到不支持的一方，尽可能地煽风点火推波助澜，希望这个比赛取消……

我反对演讲并不是真的很累，想倒休，而是因为我惧怕当众讲话。

我盘算着弃权，但领导又过来强调：这次活动每个员工都要参加。

我想找理由请假，但找不到合适的理由，又觉得这样请假很没面子，明摆着是逃避……

我想鼓动大家一起弃权，但大家好像都默认了，并且都开始准备了。我只有无奈。

转眼到了周五。过了17点，我还没有交演讲主题。我假装忘了。不，我真的忘了。

到了下一周的周一晚上，虽然我"忘"了，但心里还是隐约地惦记，于是跑去问前台大家是否都交了演讲题目，前台说都交了。我一下慌了，那就简单准备些吧，讲什么呢？别人都交什么题目了？好吧，我就讲项目管理吧。当晚，我几乎没有入睡，脑子里反复演练着稿子。

第二天到公司后，与同事结伴去洗手间，路上不小心崴了脚，我一下就倒在了地上！我想再次起来的时候发现脚踝剧烈的疼痛，当场就出现了大大的肿块。同事们纷纷跑过来扶住我，领导也过来看了看，安排同事带我去医院，并准我休息两天。安排妥当后领导便带着大家去准备演讲比赛了。

我深深地吸了一口气，好像脚都不疼了。

拒绝行动、拒绝执行或者制造拖延，很多时候是对自己没有信心及心中充满焦虑和恐惧的表现，然而很多时候，我们无法发现自己内在的这些不安，即使发现了也不愿意承认，于是我们就会开始找借口或者搞破坏，这么做的目的就是让自己的拖延和拒绝行动合理化，好让自己安心。合理化是我们拒绝行动和拖延的最好安慰剂，而病症又是最好、最合理的选择，当初演讲比赛前夕的"不小心崴脚"看来是别有深意的。

我曾有个领导，非常喜欢许诺，每当与客户洽谈项目时，即使客户并无任何要求，他也会主动向客户做出承诺。以项目周期为例，本来需要三天的事情，他为了表达其敬业和能干，非得承诺只需两天，同时为了表达其认真和真实，他甚至承诺到几点几分，然而在他手下工作过的人都知道，他几乎都不会按时交工。虽然我们早早地提交了结果，但他不会第一时间审核，总是等到最后一刻，每当我提示他某某文件是否已发给客户了……他才会当场开始审核，并指出一大堆问题，让我回去改。显然这个时候才修改，按照他原本的承诺时间提交成果已经不可能了。

每次拖延，他总说这是负责任的态度，他说宁愿拖后也不能影响质量。久而久之，我了解了他的习惯，有时他虽然指出众多毛病，我们尽管口头答应着，其实并不用真的去修改，只要放一放，"发酵"一下，拖几天再让他来审核，同样的内容他也会表达出满意，并随即发给客户。

所以，这位领导的模式是：一次性成型的内容一定不行，按时交出去的内容一定有欠缺，于是非得拖过承诺期，然后才能非常有成就感地把成果发出去。他在自己的拖延模式里美滋滋的，殊不知自己内心体现的是一种何等的盲目和不自信。

拒绝行动或拖延在人群中普遍存在。我们生活中充满各种各样的理由、借口、意外事件、突发病症，从心理层面来说，它们都是对拖延和拒绝行动的合理解释，我们总是很无奈很无辜地叙述着自己的遭遇，是老天不让我顺利完成、继续前进……多么好的理由啊，"老天"是外在客观的障碍，"我"对此是无能为力的，于是"我"保留了以往完美的形象，也借由意外赢得了同情。

我们拖延和拒绝行动的内在原因可归类为三种：

一是我们内在对自己持有完美的期待，于是"我"非常害怕"我"行动后遭到失败、做得不好、有瑕疵、有异议、受批评。归根到底是"害怕失败"的心理在作祟。

二是我们不仅害怕失败，也害怕成功。美国心理学者Homer曾指出一种害怕成功的心理，这种心理在女性中更多存在。她们在潜意识中往往担心成功会为自己带来负面的影响。例如事业成功了，婚姻或孩子教育方面就会出现问题，因此，这种心理会在一定程度上压抑女性对成功的渴望。

三是我们的"内在"认为，迅速行动是轻率、无城府、不够用心或懦弱的表现，所以需要拖延。

于是"我"想来想去，认为即刻行动是非常危险的事情，

"我"没把握，"我"不敢冒这个险。于是，能拖延就拖延，能拒绝就拒绝，但没有理由地拖延和拒绝不行，这样做对自己的社会形象有负面影响，那怎么办？有的人就抓住一种意外，比如我以崴脚的方式呈现意外，还有人以小小的交通事故、重感冒等自己特有的方式呈现，因为这是最保险、最有效甚至还可以"获利"的借口。

拖延和拒绝根深蒂固且非常普遍地存在着，让我们用心检讨一下：总是不断遭遇病症和不顺，我们到底在拒绝和拖延什么？

为什么会对近在咫尺的唠叨选择性失聪?

任何强制性、机械式的重复都会影响对应的感觉器官对这种"刺激"的敏感度,要么器官的敏感度下降,要么器官产生某种应对模式。

强强的妈妈非常强悍,她会一天到晚说个不停,因为强强和爸爸总是让她操心:"强强,作业写完了才能玩啊;吃饭之前要洗手;睡觉之前要刷牙;把鞋放好;吃饭不能太急;不要挑食;坐姿要正,男孩子要像男子汉……""老公你帮我做饭;今晚你洗碗;明天你去接儿子;你炒的菜太咸了;开车要慢点;隔壁的小琴又买房子了;老刘出国旅游了……"

忽然有一天，父子俩被强强妈妈的尖叫声"惊呆"了，强强妈妈正叉着腰，怒目横眉地看着他们俩，大声训斥着："难道你们没听见我在叫你们吗？"

父子俩面面相觑："什么时候叫我们了？没有啊，我们真的没听见……"

从此这样的事情越来越多，强强妈妈的抱怨也越来越多。随着事态越来越严重，强强一家人都觉得诧异，父子俩拍着胸脯说他们真的没听见强强妈妈在说什么。

难道是听力出了问题？父子俩同时出问题也太离谱了。

去医院检查，听力正常。平时在公司和学校，父子俩的听力也没有异常。只是在家的时候他们总是发生"听不见"的事情。

一家人都很无奈，不知道究竟是什么原因。

其实，问题确实出在这所房子里，因为这屋里有人太唠叨了，使父子俩听力"疲劳"了。

心理学上有个"超限效应"，意指当人们接受过于频繁、重复、单调以及过强的刺激时，会出现不耐烦、忽视以及反抗等行为或心理反应。

强强父子俩同时发生听力问题实属罕见，但却是真实存在的。强强父子俩的情况让我也观察到自己生活中存在的一些迹象：儿子太好动，总是喜欢往外跑，总是想着去找小朋友玩。由于外界的潜在危险太大，需要看车，需要防范不怀好意的陌生人，还要注意玩耍当中的安全隐患等，所以每次他出去玩我都会叮咛很多，起初他会认真地听；后来，还没等我说完他就"嗯嗯嗯"的，已经跑远了；到最后，连一声"嗯"都没有，他自说自话（交代自己去哪儿玩什么之类），边说边跑……有时甚至我们压根都没允许他出去，他都会跑出去，喊他都不听，需要大人追出门去，提高嗓门，才会引起他的注意和回应。

此类看似听力的问题，实际上是听力器官——耳朵对唠叨的疲劳，是被唠叨者在心里对唠叨的厌倦和反抗，轻度的"左耳进右耳出"是听觉感官层面的麻木。古人云："入鲍鱼之肆，久而不闻其臭"，而重度的"选择性失聪"是心理层面对"唠叨"筑起了防线，以漠视来表达自己的反抗，即使听到了，大脑对信息也不会进行摄取和反应。

很多人，尤其是女性总是爱唠叨，尤其对自己的孩子及老公。她们巴不得通过自己的唠叨，把孩子和老公改造成完美的神童和无可挑剔的超人，而实际上强制性、机械式的唠叨往往适得其反，常常把忠告变成噪音甚至最后成为"静音"。

长期唠叨致使被唠叨者在身体上出现听力麻木或罢工现象，甚至还会危害心情，使得被唠叨者不愿意回家或尽可能不回家等。

美国杜克大学心理学家坦娅·沙特朗研究发现，如果父母对孩子房间的卫生状况总是喋喋不休、唠叨不停，孩子可能会反其道而行之，往往更加懒于打扫卫生。

唠叨是外在的刺激，它能否起到如愿所望的作用，它到底起到何种作用，取决于被唠叨者的内在感受和态度。

在生活中我们经常是唠叨者或被唠叨者，抑或两者都是。然而我们是否用心觉察过自己和对方的内在活动呢？有多少次是与对方发生真正的沟通呢？尤其是与我们朝夕相处的家人。

沟通是一种艺术，是一门科学。请大家觉知和放下自动习惯性及以自我为中心的唠叨，从而让家成为真正成长、学习和爱的港湾，而不是控制、反抗和逃离的战场。

因为内疚，我自己选择了疾病自我惩罚？

有一个女孩得了"顽固"的手癣，尝试过多种治疗方法，但一直没有治愈。

所谓"顽固"并不是医学上鉴定的不可治，实际上她的手癣医院并未查出过任何异常，每次医生都会说"没关系，用点儿药就好了"。然而它没好过，总是反反复复。

手癣的反复让女孩逐渐对其"麻木"，她知道它过一段时间又会好起来，尽管每次发作时让她痒得很难受。

有一次女孩去超市买东西，出来时遇到一个在超市偷东西被抓的小孩子。小孩子低头哭着，保安正在询问他家长的电话并跟他说处罚的事情。

她在旁边看着，手上的痒痒好像愈加难耐，她使劲挠着，同时她似乎看到了曾经的自己：记忆中的自己跟这个小孩子差不多大，她也偷了东西，但并没被当场捉住和指认，她很庆幸。

每每想起这件事情她都会很内疚，心如刀割般地剧痛。小小的她想弥补，但该如何弥补呢？她觉得无论如何弥补都于事无补了，能弥补的只是价格，但心里的愧疚难以消除。"我是个坏蛋。"

从此她的内心深处一直藏着这个"坏蛋"，她无法原谅自己有如此的一面，她觉得"坏蛋"就该受惩罚。

那件事一直在心里没过去。

自古以来"偷窃"都是被人唾骂的行为，我们的内心对此万般不容，小偷一旦被发现就会遭遇"人人喊打"的下场。它不被我们的主流社会接受，不被我们的道德意识接受。

说起偷，着实让我内疚和自责过。是的，上面那个得了顽固手癣的人，就是我。

"偷"在我的心里烙下了深深的伤痛，以至于我从那时起开始手上长癣。有意思的是，当我离开家乡去远方求学及工作，手癣好像好了，但只要每次回老家，我的手癣就会犯，哪怕回家只住一宿，搞得老妈还以为是置身陌生的新环境，有些水土不服。妈说："不对呀！你本就是吃这里的水长大的，怎么每次回家都这样呢。"是的，有很多疑问，我自己也不知道，如此过去了近20年。我手上的癣一直伴随着我，每次回老家它总会如约而至。

近几年，随着自我观察的深入，我偶然意识到手上的癣与偷窃的关联，我鼓足勇气去承认自己的过错、去忏悔，之后我的手癣真的好了。至承认与忏悔后已经过去了三年，期间我回过很多次老家，那顽固的手癣没有再犯过，以至于家里人偶尔还会问起："哎，你的手癣没再犯了？"

现在我非常确定，从心理层面来说，我的手癣与我的不接受自己有直接关联。我曾经如此迫切地想逃离那个犯错误的地方，想丢掉那个丑陋的自己，然而"她"一直在那里，每当我回家时"她"都会跑过来抓住我，用自我惩罚来表达自己的内疚。

是的，我看到了，我鼓足勇气拥抱了"她"。我不是受害者，我是一切的根源。

我一直试图通过内疚和自我惩罚降低罪恶感。然而通过自己的经历我发现：内疚和自我惩罚不是解决问题的根本办法。内疚和惩罚一般是在"自我"的层面，"自我"希望打造完美的形象，它没有勇气去接受自己丑陋的一面，所以把那些"丑陋的自己"割裂在一旁，对其进行惩罚，而"完美的本我"则在一旁非常无奈地表达着内疚，从而找回内心的平衡。

内疚和自我惩罚有助于"自我"的心理平衡，同时内疚感这种特殊情感的存在对人际关系的维持和改善是有益的。

它能驱使人们采取更多的亲近社会行为来修补受损害的社会关系。

尽管，疼痛、病症或者自我惩罚可以缓解内疚，但它们不是最好的方式。实际上，如果我们有勇气去直接面对事情发生的现场及细节，那才是有效、彻底的解脱方法，这不单是对当事者表达歉意，做出补偿，更重要的是去接受犯错误的自己，如此我们才可以完整且健康地继续前行。

对自我不满的人，才会为小事抓狂

M总是小病缠身，不过并无大碍。

她几乎每个月都会感冒，如季节更替、感冒流行、忽然的天气变化、某天不小心吹着风淋着雨等都会导致她感冒。

如果某段时间她找不到感冒的理由，那她也会找到其他的不顺：不小心割破了手或者喉咙被鱼刺给卡住了。

总之，她不是头疼就是肚子疼、牙疼、耳朵疼，实在没有疼的地方，她自己也会在胳膊上或者小腿、后背等处抓出血，说是痒得慌。

不管出现哪种情况，她都喜欢往医院跑，还要输液或者打针，为此，她经常会提前下班赶去医院或先去输液再赶过来上班。

她总是愁眉苦脸，总是有众多的不满：比如所在部门职责划分不清，本该不属于她的工作，老板也强加给她，老板总是想尽办法折磨她，老是周末打电话或者扔给她一大堆根本做不完的工作，于是她需要没完没了地加班。

她本不喜欢做客户维护工作，但老板非让她做客户维护。当她给客户打电话时是带着微笑说话的，挂了电话马上就会噘起嘴，叨叨这客户如何不可理喻，如何不好伺候，如何难缠等。

而在同事看来，她口齿伶俐，具有领导才能，领导很重视她。可在她自己眼中，对外她需要面对客户，维护公司形象，兑现向领导承诺的一切服务；对内她得"逼迫"员工完成超出常规的任务。用她的话说，领导什么都向客户承诺，而实际上公司内部又没有那么多的资源，只能苦了现有员工，让大家都在极限上运作。尽管她不喜欢这样，但也只能这么做。

随着公司发展的加快，她感到心口部位越来越有沉重感，甚至她已经明显感觉到左胸应该是心脏的位置，有一部分被堵塞了，常常感到胸闷，如果深呼吸时注意听的话，还能够听到"咯噔咯噔"的响声。

她的办公桌上摆满小玩具和小零食。玩具们长时间得不到呵护而暗淡无光，零食常常因过期而被扔掉，工作之余她总是疯狂地泡在网上，天天淘宝，天天团购。

她的垃圾桶总是满满的，比任何人的满得都快。手纸、饮料瓶、口香糖、自己揪下的头发、网购产品的包装盒、说明书……每天保洁过来打扫卫生时都会惊叹一声：啊，你的垃圾桶又满了。于是大家有时开玩笑说她是"超级垃圾王"。

的确，M在心里充满着不满，充满着对领导的愤怒和反抗，但她无法直接表达，只能在背后散播众多的抱怨，制造众多的垃圾，承受众多的不适。事实上，她都不知道自己对现状有何等不满，但"内在"为了把这些情绪释放出来而找了众多的出口。

我们一直在研究身体与心理的关系，尽管很多人尚不认可它们之间的直接关系及紧密互动。但是据我多年的观察，我觉得身心的关系其实非常直观和简单。只要我们稍稍用心，稍稍放空（不要带着既定的假设及坚固的知识）就可以看懂它们直接的关系——一种"一荣俱荣、一损俱损"的互相联系的象征意义。

我年轻时非常自卑，非常不喜欢自己。当初，我外在的表现是从来不照镜子，而且从来都不愿意向他人说起自己的名字。记得刚工作的时候，新同事们很好奇我的名字："花荣，好特别啊，你姓花吗……"我讨厌极了我的名字，这什么怪名字呀，所以每次我向陌生人说完名字后会赶忙解释一下："我的真名并不是这两个字，而是华荣，我姓刘。我叫刘华荣。只是小时候上户口的时候写成花荣了，还有，我们那边地方小，邻里之间都很熟，不习惯带姓，直呼名字好像更亲切，所以……"我就这样解释了很多次。

后来我开始关注身心成长，开始关注爱护自己，与自己言和……忽然不知道从何时起，我开始喜欢上自己的名字——"花荣"，多好听啊，我是发自肺腑地喜欢它。我的名字多独特……总之我真的开始喜欢上了自己的名字，从此也不再解释名字的来历。如果大家好奇，哦，你姓花呀？我就笑笑，也不再急切地去解释缘由。

现在回想，这件事具有非常直接的象征意义。我不喜欢"我"，名字在代表着我，所以我不喜欢自己的名字；当我喜欢自己、接受自己的时候，我也开始喜欢自己的名字了。

一个人，当他开始真正接纳自己，他才会对万事万物充满欢喜而无抱怨。

第五章

CHAPTER FIVE

从"面目全非"到"身心开朗"
的奥秘

无论自我如何狂乱和狡猾，如何恐惧和冲动，"我"的内在另有个高度智慧的存在，即"本我"，它会一直指引我们活得自由、真实且能感受生命之流的温暖和力量，当我们过于偏离生命的本意时，它就会出现，目的就是让我们清醒。

生命是奥秘和奇迹。所有的成长、所有的流动、所有的静止、所有的瞬间、所有的存在都是生命，是一个整体。

忏悔过往就是最大可能地宽恕和救赎

忏悔和改正是以包容性、整体性作为前提，是为自己所作所为导致的后果采取接受、承担以及补救的意愿、态度及行动。忏悔、赎罪具有强大的力量，无论在粗糙还是细微的层面。

从粗糙层面来讲，当有人犯了错误而主动认错并做出补救行动，那么外界会怎样看待他呢？大多数人都会或早或晚地被忏悔者感动并最终原谅他的过错，这是一种常识性的结果。而在细微层面忏悔也有实际作用，当一个人对自己的过错进行真诚忏悔时，他的内在心境会发生变化，经过真诚的忏悔，心理上可以得到放松，往往可以得到奇迹般的治疗作用。

有一家的儿媳妇得了重病，被医院定为"不治之症"，然而她不愿意放弃生存的希望。妇人听说有座庙香火很旺，有求必应，于是她也真诚而投入地请求佛祖让她再多活几年，让她看着儿子长大成人……

旁边有个慈眉善目的老人一直看着她，开始只是点头笑笑，后来大笑不止。

妇人好奇，上前请教。

老人说："其实佛不是一个外在于我们的存在，他就在我们的内在，是我们本有的面目，你自己回去想想吧。解铃还须系铃人，只有你自己才能救自己。"

妇人已经在生死边缘挣扎，对老者的话没有更多辩论和质疑的欲望，于是回顾自己的一生，在内心深处承认自己对婆婆确实不够尊敬和善。往事的一幕幕都展现在眼前，她感到很惭愧，她对以往所做也不再有任何辩解。

回家后，妇人跪在婆婆面前，自结婚后第一次叫了一声"妈"，并且泣不成声。她历数自己的过错，表达自己的忏悔，此时她并不期待婆婆的原谅，只想让自己有生之年能少一份遗憾。

婆婆起初非常震惊，接着也很感动，抱着儿媳哭成一片。

从此这个家里充满了温馨欢愉，每个人都感到满满的幸福，以至于忘了妇人被医生宣判"死刑"的事情。过了很多年，这家人依然延续着幸福。

从心理层面来说，病症的显现是含有内在智慧的，妇人因绝症而求助于佛，"佛"（内在智慧）又反问现状（绝症）：你到底做过些什么？

拯救妇人的并不是佛，而是她自己。妇人通过忏悔，把自己的偏见、狭隘及无知放下了，进而带着充满柔软、感恩的心去拥抱生活，在自己的内在点燃了生命延续的力量。

忏悔是一个人对自己的过错表示接受、改正和补救的行为，最终希望得到宽恕和救赎。忏悔内在的深意也反映出万物平衡、和谐发展的意思。

忏悔的关键是知道问题出在哪里，然后去杜绝，而不是知错改错，下次再犯。通过忏悔对自己的心灵进行清理、清洗，心灵柔软了，从而让身体外在焕发出生机；通过忏悔，让"自我"得到了对方的原谅谅解。

世界上任何事物都没有绝对的好坏对错，万物都在不断寻找平衡中得以发展。平衡—不平衡—平衡—不平衡，这是正常的循环往复。动态的平衡反映着生命的韵律。

我们来到这个世界上，可以看作是在玩一个"发现生命意义"的游戏，游戏规则是先忘掉"生命意义"是什么，有的人暂时忘掉，有的人假装忘掉，有的人则做到了真的忘掉。

以忘掉"生命意义是什么"为前提，我们就开始了探索生命意义的旅程。此旅程是用"未知"铺成的，于是我们经常会深一脚浅一脚地摸索前行，而那深了或是浅了的步伐并没有对错之分，如何找回平衡才是最重要的。变故、不测等有时就埋伏在生命旅程的途中，它们是为了提醒我们时刻用心脚下，时刻反省和总结。经过不断地反省和总结，也许有一天我们会找到一个平衡，于是之后的旅途就如同走平地，于是我们就能很快走到终点，然后发现：哦，这是个游戏，原来我们用心走过的每一次、每一刻、每一种，都具有意义。

担起那些逃脱和推卸的未尽之责

忏悔是我们自己认识了错误，主动去悔改和补救，而如果我们久久不能认识自己的错误，不能去补救，那么生命就会启动自己的智慧，强制让我们去承担这些错误。它并非某种外在力量的胁迫，而是我们自己内在的本我在敦促，是本性智慧的自然运作。

当"自我"破坏和谐平衡时，这种失衡的状态也会在它的里面显现，故此"自我"尽管以分离状态极力维护自己的利益，但那个失衡的"痛"会使它心神不宁，甚至遭遇一些病症。

有一个生意人驾车肇事后成功掩盖了事实，侥幸逃脱了法律的制裁，然而他也得了妄想症，总觉得有人在偷偷盯着他并试图要杀他，更糟糕的是，也许是受心神不宁的影响，公司业绩也开始急剧下滑。

　　他终于忍不住心灵的煎熬，放弃了继续掩盖事实的想法。尽管据当年事件发生已经过了八年，尽管受害者家属已放弃了寻找肇事者的努力，尽管警方没有任何能够找到他的线索。

　　他自首了，同时也通过家人向受害者家属表示深深的歉意，并积极与之商议补偿的事宜。

　　自事故发生以来，整整八年，他第一次在监狱里香甜地吃了一顿饭，也安稳地睡了一觉。

　　是什么促使他在完全可以逃脱并推卸责任的时候又做出主动承担的举措？是良知，良心。良知良心是一种不受制于个人小我之意愿及规则的力量和智慧。

　　良知、良心是道德现象，同时也是宇宙现象，它是推动万物良性发展的"结构"或"系统"。是的，它不仅存在于我们人类的内心，它更存在于万物发生发展的原意及规律中，它不仅是意愿、也是规则，更是力量。

　　这里就以传统美德所倡导的尊老爱幼、孝道等举例，这些伦理道德不仅仅是口号，更是我们作为人必须要尽的责任。

　　一则电视上的公益广告：儿媳为婆婆洗脚，而其年幼的儿子看到妈妈的行为后学着妈妈，端着满满的水盆，稚嫩地说"妈妈，我也给您洗脚"。

父母是孩子最好的老师，如果我们自己的所作所为不尽孝道，那么我们的孩子也会以同样的作为来回馈我们。

《孟子》将恻隐、羞恶、恭敬、是非之心称为良心，主张人应当注意找回被流放的良心。是的，我们该承担的必须要承担。这里所指责任，不仅仅受限于法律或规定所界定的责任，更有内在良知所掌控的依附于宇宙法则和大自然法则的承担。尽责任、尽义务，这些看似平淡无味的道德意念具有比我们想象的更大的影响力。

万物为一体，是和谐平等平衡的整体。我们需要为自己的所作所为负责。实际上，无论如何逃脱，自己扔出去的石头说不定哪一天就会落在自己的头上。

脱离自己熟悉的旧模式

人们常常碍于面子或者为了迎合某种好的标准而违心地做一些事情，人际交往中这种"假好人"现象非常普遍。

当好人很好。但这个"好"不是由外人说了算，我们自己内心的感受才是最终的判断和答案。

当我们为了避免某种舆论压力而充当好人时，心里会产生烦躁、压抑、无奈、委屈、愤怒等，这是必然的，因为我们是为了讨好别人，为了迎合大众标准，并非发自内心。我们很多时候是在做"假好人"。我们常常压抑自己的真意，常常对自己的所作所为有不情愿，这种状态不仅让我们心烦，还会让我们遭遇疾病。然而，很多人认为在现实生活中真实地表达自己有难度，甚至认为会为自己带来阻碍。

是的，因为我们是社会人，需要获取社会群体的认同，所以我们有一种担心，担心一旦自己的作为不符合主流的社会观，就有可能遭受群体的排斥。这里的担心是一种外求的担心，即出于求得认同的担心。这种对认同的外求让我们不敢真实，让我们戴上面具，左右摇摆于各种喜好评判当中，从而丧失力量。

莎士比亚说："对自己真实，才不会对别人欺诈。""真实"是一种力量，而且是非常强大的力量。当我们与自己内在的"真实"连接时，就会拥有源源不断的力量之源泉，并且可以处于全然自由的状态中。

我们戴着面具很长时间，使得自己也陷入面具里面，常常也分不清到底什么是自己的"真实"状态。

真实，我想应该是每一刻、每一步持有无拘无束、无期待、无恐惧的内在状态。我们之所以痛苦烦恼，之所以病倒，是因为我们内在有束缚、有期待、有恐惧，我们活得不够真实。活出真实是一个不断解放自己、了解自己的过程，是不断与自己内在连接的过程。

一直以来我是一个不太会"拒绝"别人的人。我总是担心我的拒绝会给别人带来失望或者伤害，于是我常常做出违心的事情。

逛商场买东西，如果同伴说这件衣服好看并且强烈推荐，那么尽管我自己不怎么喜欢，也会购买。我担心如果我不采纳对方的意见，她会伤心、失望。我的衣柜里有好多这种情形下买回家却没穿过的衣服，尽管我曾经努力试图把它们穿出去，但我就是不喜欢，一旦穿上我会感到浑身不自在。

朋友、熟人向我借钱，如果是我力所能及的范围之内，我会借给他，尽管有时心里不是十分愿意，但这种"不愿意"的痛苦比"拒绝"的痛苦好受一些；如果超出了我的范围或者正好手里没钱，尽管无钱可借是我真实的状态，但我仍然非常痛苦，因为我会觉得人家肯定不容易，肯定是万不得已才开口借钱的，我帮不到他会非常内疚。

工作中，同事以及下属做出的成果在我看来可能还有些不足，但我还是会说服自己："他们已经尽力了，已经用心做过了，如此尽心尽力做的成果被人否定是打击。"于是尽管感觉还有不足，但让他们返工的情况很少，很多时候我会自己动手对其进行完善。

上述例子在工作和生活中我经常遇到。我有很多违心的时候，也因此而产生了很多的焦虑、愤怒及担心。

然而，忽然有一天我发现，其实所有我担心的只是我按自己的方式在"担心"而已，我在用自己的模式看待、解释和处理我所面对的外在事物。不愿意被人拒绝、恐惧被人拒绝是我内在的模式，而我却把此模式当作生活中的普遍真理，为了不让他人承受此模式的伤痛，而让自己承受着不情愿。

这些经历曾经让我病倒，也常常让我心里产生郁闷。现在，我已看到了自己的模式、自己的恐惧。

记得有一次，我实在无能为力而非常痛苦地拒绝了某位朋友，事情过了好几天，我心里一直放不下，于是忍不住打电话过去想再次解释一下自己的无能为力，也想顺便安慰一下朋友，然而还未等我开口，朋友却高高兴兴地，一副没有发生过任何事情的样子讲述起其他事情。哦，是的，所有那些被拒绝的伤痛只发生于我的内在，是我自己在折磨自己。

就在此刻我忽然觉得，戴着角色面具并不是痛苦的根源，而掉落在自己的模式里才是痛苦的根源。是的，那个面具也是我们的一部分，我们以自己的认知及思考精心制作了这个面具，戴面具的目的是为了让自己好受些，让自己在熟悉的模式里熟悉地痛下去。

意外是拉我们回到当下的智慧

有个事业有成的朋友在长时间的拼搏之后终于病倒了。

那天，他病倒在会议上，医生马上赶到现场并且建议他立即住院。朋友不肯，如此又拖延了三天，最后再次倒在办公室，并被救护车送进了医院。

他在医院昏迷了三天，他醒来后充满焦虑地问守在床边的妻子及助手：现在几点了？产品发布会开没开？给A客户的方案是否还需要修改……

当他的问题一一都得到肯定答案后，他有点懵了：原来没有我，太阳照样升，工作照常做！

此后，他慢了下来，下放了好多权限，他的确感受到自己并非是独一无二的，自己并非是不可或缺的。他越来越多地融入真实的生活中，享受当下，享受与儿女嬉闹的幸福、与妻子细语回味的甜美以及清晨的细风、午后的小雨、夕阳的壮丽……

努力奋斗可以是生命活力的展现，同样也可以是恐惧担忧的代名词。

如今，我们的心越来越多地不在当下，越来越多地忽视当下每一刻的发生，这样的结果让我们常常活在对未来的恐惧中。

日本大地震过后没几天，我听到电梯里两个女子的谈话：

甲女：咱得赶紧买车啊！

乙女：为什么要买车呢？又堵车又限号，油价还那么高。

甲女：买了车可以更快地逃难呀！

乙女：……

甲女：如果地震了或者发生什么灾难，可以开车跑呀，一家人正好能坐下，还可以装吃的和用的……

甲女在自己成功逃难的想象中陶醉着。

甲女的购车动机让我们很清楚地看到她内在的恐惧，让我们看到她是如何活在对未来的担忧中。

我们总是像她一样，如此容易地脱离当下，如此容易地用对未来的担忧和过去的伤痛来填充当下。实际上，那个"担忧"并不在当下，那个"伤痛"更不在当下，而是我们把它们带入当下的。

我们内在的智慧时常会指引我们活在当下，它往往会运用病痛来提醒我们，通过各种意外把我们的意识强制性地拉回到身体上，拉回到当下。

身体是我们与自己连接的最近的路，身上经由意外发生所带来的伤痛往往是拉我们回到当下的智慧。它让我们从身体开始，看向我们自己的内在。

当下此刻，一切都在，一切都好，我们的人生所经历的那些大大小小的意外正在努力地把不在当下的我们带入当下。

让迈出的每一步，都是提升和成长

生命真的带有智慧，它总是完美地安排我们需要学习的命题。当我们尚不明白其意义时，所有这些命题也足够引发我们自我毁灭和摧残的力量。

回想自己一路走来的人生轨迹，常常有惊叹和不可思议：同样的事情，当我处在愤怒反抗以及不用心的情况下，它就是障碍，就是毁灭和摧残的力量；而当我放下了愤怒反抗并用心去经历和探索的时候，我收获的则是提升和成长。

我对我自己所经历的一切充满感恩。

曾经的我是班上的尖子生，考试成绩名列前茅，然而高考那年我却阴差阳错地落榜了（只够上专科，没去读）。这是莫大的痛苦和挫折，作为平时成绩不错的学生，我受到的打击比原本学习一般而落榜的同学大得多。

回学校复读。我数学不太好，复读的上半年这门课程依然没有起色，一次次不理想的分数，一次次被批回来的试卷，我会看一眼分数后迅速把它压到书包最底层。

我很着急很努力地做更多的试题。分数却仍然没有起色。

我很不解，苦思冥想，终于有一天我总结出一些心得：那些答错的、失分的部分才是最重要、最需认真对待的。

于是我不再把批改回来的试卷压在书包最下边，而是时刻放在桌面，随时翻开并用心分析每一道失分的题，如此，我取得了突飞猛进的进步，复读那年高考的数学试卷，我几乎答出了满分。

我一直不后悔自己当年的复读，反而非常感恩有如此的经历。那年我的进步不仅仅体现在试卷的分数上，更重要的是体现在我看问题角度的变化上：想要进步和改变，那就必须把停滞不前的源头找出来，即必须要知道问题出在哪里，这样才能进步和改变。用心经历和总结总会有新的发现，有新的成长和提升，无论它有多大或多小。

我的身体一直很健康，我很少感冒或不适，当然偶尔会有些嗓子哑了或者脸上冒痘、嘴里起疱等问题，起初我并没在意这些小问题，后来我观察和总结发现，每当这些症状出现前，我的内心一定会有所波动，或是愤怒或是焦虑。这样的发现已经多次得到验证。经过我不断地观察内在状态，现在的我连上述那些小病症也都不再有了，这就是生命给我的礼物，给我的成长和提升。

我一直以来不敢大声说话，不会跟陌生人聊天以及不会对他们表现出知冷知暖的柔软。虽然交往中这样的特质没有给我带来任何痛苦，但随着年龄的增长和事业的发展，我的这种特质越来越成为我工作与事业上升的阻碍。于是，生活给了我新的练习场。

几年前，老公开了个超市，由于忙不过来，总是需要我帮忙，于是我开始挑战自己的极限，学着跟陌生人聊天。刚开始我经常跟客户发生冲突，当然不是跟他们吵，而是因为对他们不够热情而引起客户的不满；还有，当遇到挑剔的客人，我就会告诉他们"您觉得不合适，那就别买了，我们又不是求您、强迫您买这个……"每当发生上述情况时，我的心里就会有很强烈的颤抖，只想哭，不愿意去沟通解释。

我看到了自己的问题，于是边经历边琢磨。后来我在这方面经历学习成长以后可以"毕业"了，性格上虽然没有明显的变化，但心里的变化我很清楚：我不再紧张，不再愤怒，不再不耐烦。有趣的是，当我"毕业"时，老公也转行了，不再需要让我面对各色人群，让他们来挑战我的性格极限。

我再次向生命表达感谢，由于我存在这样的问题，所以给我安排了这样的考题，通过这些考验让我不断进步。

病症和磨难的背后必有成长。

也许有人会说"我不需要成长，不需要提升，就让我在原地待着吧！"

真的吗？这真的是你真实的选择？

生命的意义在于找到自己，向自己追求的方向每走一步，都是提升和成长。在生命旅程中，我们可以一直原地踏步，也可以转身先到另一处观光，可以边看风景边散步，也可以大踏步或者跑步式前进，无论如何走过，"找到自己"是最终的方向，所以千万别说"我不需要提升，不需要成长"。

你不需要因爱的堵塞而受苦的人生

所谓自我、本我只是一种方便之说，是为了在探索自己的路上做些标记，便于进行总结、交流、分析。归根究底，一切都源于爱：爱自己，爱生命，爱社会，爱生活。

当爱自然而温暖地流淌，遇到"堵塞"时就会绕道而行。爱，不会因绕行而受伤，而那个被"绕过去"的部分却因为爱的缺席而受苦。

只有当我们的"爱"流通顺畅时，我们身体的病症和心灵的冲突才会消失。

有个朋友看到女孩子就脸红心跳，不敢抬头。但冲动的时候也会语无伦次地跑到喜欢的女孩子面前向她索要电话。然而他这种举动必然是不能被女孩子们所接受的，甚至会招来一句"神经病"的回复。朋友每次在这样的举动之后都非常后悔，也越来越确信自己真的有"神经病"。

经过交谈了解到，他有个严厉的母亲，从小到大他从未与母亲亲密互动过，他只记得有一次他想让母亲抱抱他，母亲却说："男孩子就得像男子汉大丈夫，你看看你自己，都五岁了还要妈妈抱，真羞。像你这样，哪个女孩子喜欢你呢……"

母亲当初也许并非严厉，只是顺口说说而已。然而说者无心，听者却有意。从此他老觉得女孩子看不起他，然后就会紧张和慌乱。

他坚信母亲的话，也更加渴望亲密无间的爱。

他戴着"墨镜"寻找爱，让爱被挡在自己的世界之外。

父母对孩子的影响非常大，因为在孩子稚嫩的世界里父母就是天，只要是大人讲出来的话，小孩子一般都会全盘接受，从而不知不觉地对自己、对世界产生一些误解，形成一些"堵塞"。

有位朋友非常健谈。她会如同谈论别人的事情一样描述自己家里的情况，讲述在家里她和妈妈是如何欺负爸爸的，包括如何对付爸爸那边的亲戚。她有一次讲小时候跟随爸爸回老家过年的事情：原本朋友并不想去，觉得在农村过年没意思，何况洗澡上厕所都不方便，然而经过与母亲商量后她决定要回去。因为母亲提到，父亲过年回家后有那么多的亲戚，一定会有孩子，一定需要给压岁钱。如果父亲不带着自己的孩子，那么他注定稳赔不赚，如果带着孩子，至少可以持平。于是她跟着父亲回农村过年了。

当另外一个朋友说起自己戴的围巾是别人送给她的，不知道值多少钱……此时那位健谈的朋友插进来，肯定地告诉这位朋友："如果是别人送的东西，估计好不到哪儿去，好东西人家能往外送吗？"

当听到这些话时我相当愕然，很不理解这位朋友的想法，更不理解她把她的所为当作精明计算来炫耀，并且把自己的价值观当作普遍规律、最高真理来向他人推介。

这位朋友工作业绩很好，几乎没有她吃亏失算的时候，只是一直没有美满的婚姻，离过两次婚。每次都是因为生活中谁拿的钱多少或者谁的家人麻烦事多寡而吵闹。

我之所以无法理解这位朋友的想法及做法，是因为我接受的教育是"亲情要融洽""金钱不是第一""送给别人的东西一定是好的"。记得小时候，我们家里总是聚集着亲戚和邻居家的孩子，母亲从未厌烦过，会把我最心爱的零食平分给他们。

时隔多年，长大成人后，周围也有众多的苦恼，也面临着婆媳关系、姑嫂关系等，然而我的世界里从来没有被这些烦恼困扰过，我并没有刻意维系，只是本能地做自己而已。而如今回想，原来是我的原生家庭给了我无限柔和的爱和平等，所以我才拥有如此融洽的关系和态度，在此非常感谢我的父母以及家族里的每个成员。

生命就是关系，不仅是与周围一切的关系，同时更是与自己的关系。而这个关系的黏合剂就是"爱"。当我们的"爱"不受堵塞，当我们的"爱"流通顺畅，那么我们的关系、我们的处境都会顺畅且有力量。

爱在我们的内在里自然地流淌，温暖地流淌，让我们内在的一体和谐地存在和发展。

爱是生命存在的"形式"之一。

第六章

CHAPTER SIX

踏上心灵解脱的旅程

后悔、愤怒、悲伤、焦虑、恐惧等种种不良的情绪，是我们人生中难免要品尝的滋味。多数人都将这些情绪视为洪水猛兽，或起码视为心理健康的敌人。因此，当有了这些坏情绪时，往往第一反应是摆脱、逃避。但是，假如你坦然接受了这些，你就会发现，原来这些看似不良的东西一样会给你的人生带来养料。

其实，每种负面情绪都是一种推力，都在推动着我们去做出行动。这种推动力或者是指出一个方向，也可能是给予了一种力量，我们如果能克服心理问题，就能让自己成长。

跳出贪婪的心理黑洞

在喧闹的长安街上，一个女人狠狠地打了阿杰一巴掌后，转身离开。这样的场景在阿杰生活的环境中不断上演。

每一个被他甩掉的女人要么歇斯底里地咆哮而去，要么捶胸顿足地哽咽离开，当然，也有沉默不语安静离开的。不管哪一种，阿杰都不会心痛，他只希望这一个"她"或者那一个"她"尽快从自己的世界里消失。

我问过阿杰到底交过几个女朋友，实际上，他自己也不知道。他总是能用各种方式让那些女孩子爱上自己，并让她们相信他能把美好的爱承诺给她们一辈子。

阿杰在咨询室里向我坦白：他只爱那种征服她们的感觉，当她们被征服后，那种动力则很快退去。后来，他索性把更多的目标锁定在各个场合中经常遇见的那些浓妆艳抹、看似风尘的女子，他直言不讳地告诉我，这样的女性更能够刺激他体内的荷尔蒙。

慢慢地，我了解到，在阿杰的意识中，这些女人就是他生母的化身。尽管他没有见过自己的生母，但他的继母告诉他，他的生母是一个舞女，生下他后便从他们父子俩的生活中离开了。

长大后的阿杰一度想找回自己的亲生母亲，他并不在乎母亲的实际身份，但茫茫人海，他从最初的寻找和盼望，逐渐发展为从身边流动性较强的女性身上，寻找那份自己说不清也道不明的，掺杂着对生母的爱与恨的复杂情感。

对女性走马灯似的贪婪占有与抛弃，是阿杰再明显不过的内心自我补偿。

贪婪是一种过度膨胀的利己欲。贪婪的人从来没有满足的时候，得到的越多，他们的欲望就越大，这已经不是正常的欲望，而是一种病态的心理，是一种心灵的黑洞。阿杰的贪婪，始于自小被母亲抛弃，所以长大后想通过其他女人寻求心理上的补偿，最后形成了怎么也填不满的心理黑洞。

阿杰被母亲抛弃的身世，使他对自己没有了信心，认为自己对异性没有吸引力。他不断更换女朋友，并且越是与母亲有相似之处的女人，越能够激发他自我补偿的心理：一方面他想报复母亲抛弃他，另一方面他想要证明自己在异性面前的魅力。

阿杰的行为体现了童年的"分离创伤"对人的深远影响。被父母尤其是被母亲抛弃的孩子，潜意识中会认为是自己不好，至少不够好，所以才"被抛弃"。在后来的日子里，往往向人们证明自己"很好"，甚至"最好"便会成为他一直追求的目标。

从心理层面讲，贪婪的根源反而是因为爱的缺失。因为爱的极度匮乏，导致不同状况的"阿杰们"通过钱、物或性等多种方式来填补内心的黑洞。

尽管贪婪的本质是无边的欲望，但不是所有的欲望都需要克制。正常的欲望是人的正当需求，它与人满足欲望的能力是相匹配的，也就是说，欲望是可以通过正当的努力得以满足的。而贪婪则是正常的追求无法实现的欲望，需要通过不择手段甚至是损害他人的利益才能实现。

美国心理学家马斯洛把欲望产生的需求分为五个层次，当一个层次的欲望满足了，就会追求更高一层次的欲望，而最高层次的自我实现是无止境的，也就是说，人的正常欲望是随着能力的提高而产生的。这就是欲望和贪婪的最大区别，欲望可以激励人不断进步，而贪婪会使人步入罪恶的深渊。

自我感觉贪婪心较强的人，可以通过自我提问的方式，慢慢理清头绪。

比如，可以在纸上写下20个自己喜欢的、想要的事物，然后对这些事物进行逐一地分析，哪些是合理的欲望，哪些是超出能力的欲望，这样就可以很直观地看到自己贪图的对象和范围。如果大部分都与钱有关，就要思考一下，自己是否对钱有着过分的欲望，为什么那么多想法都与钱有关，继而分析自己的价值观、人生观。这种方法适合浅层面的自我了解。

我们每个人其实都难免有某些方面的匮乏感，这是形成欲望和贪婪的根本原因。如果你感觉自己在某方面已经形成无法自拔的贪婪感，无论是出于何种形式的情结所致，都应勇敢地走进专业心理咨询机构，通过他方的介入来治疗匮乏感，完成真正的心灵解脱之旅。

清理负能量才能解锁梦魇

刚做心理咨询师的那段时间，我经常以书信方式与很多咨询者沟通，其中两封来信我到现在仍然记忆深刻，除了来信人的故事较为典型外，他们的故事本身也有很多共通之处。这里我以匿名方式，还原故事本身给大家。

花荣老师：

您好！我想把我的故事以写信的方式说给您听。我的故事如下：

我走在校园中，身边有同班的一个男生。他是品学兼优的好学生，为人淳厚善良，老实厚道，属于不会欺负人的类型，我对他很有好感。

走着走着，迎面又走过来两个男生，他们看起来年龄更大一些。经过我身边时，他们竟企图对我进行性骚扰，我不断地挣扎，用力地击打他们，但是却丝毫没有能力反抗他们，他们依旧对着我狞笑着。我知道以我的力量根本反抗不了他们，我只好把希望寄托在同班男生身上，希望他能够伸出援手，但是他却面无表情地站在一旁，我只能做那只待宰的羔羊，任由人欺辱……

不停地挣扎中，我猛然醒来，原来是一场梦，做这样的梦我已经记不清是第几次了，看一看床头的表，凌晨三点多，爱人在我身边沉睡，刚刚的梦境再一次把我带回了过去，眼泪不由自主地流了下来。

那时我在上高中，身材高挑，母亲很宠爱我，经常给我买漂亮的衣服穿。一次，我独自去集市，迎面走过来一个个子不高的男孩子，他穿着很邋遢，表情很猥琐。本来我们之间错开很大的距离，但是在经过我身边的时候，我的敏感部位忽然被他的一只手侵犯了！当时我好像突然断电了一样，愣在那里不知所措，耻辱和愤怒瞬间将我淹没。一定是那个家伙，回过神来后，我立刻从地上捡起一块石头，想扔到他头上。

可是看着他若无其事远走的背影，我拿石头的手停住了，内心中似乎有一个声音对自己说："这是你自找的，谁让你长得漂亮。"是的，我也怕把事情闹大，引来旁人的关注，毕竟这不是什么光彩的事情。

当时在我周围的人群中，只有一个男生是我认识的，但是他属于敦厚老实类型的人，绝对没有"英雄救美"的气概，也没有为了一个女生去打架的豪情，我也就放弃了报仇的想法。

第二次，是在学校的食堂，一个男生在打饭，人多的时候趁机非礼我，而我只是狠狠地瞪了他一眼，手中紧紧拿着饭盒，就是没有勇气把饭盒扔在他的脸上。我的内心依然被那个声音所阻止："谁让你穿得那么漂亮。"下午上课后，我的愤怒依然没有平息，我把那个男生的名字写在纸上，然后用笔用力地在他名字上划，直到纸被我划烂。

老师见状便把我叫到办公室与我谈心，知道原委后，老师不但没有帮我讨回公道，反而劝说我，让我放下这件事。既然求助老师不成，我只好找身边的人帮助。最后，我把目标锁定在班中一个平时很仗义的男生身上，没想到他却对我说："打架解决不了任何问题，还是找老师反映情况吧。"

委屈压抑在心里，找不到发泄的渠道，以至于这么多年过去了，我还时常被这样的噩梦惊醒。

花荣老师，我内心的秘密饱含着我的痛苦，希望您能为我排忧解难。

阿丽

第二封信的内容如下：

花荣老师：

您好！我想告诉您一些我的故事，希望您能帮帮我。

月黑风高的晚上，我梦游般地走上一艘船，仿佛恐怖电影一般，许多鬼魅的身影在船上飘荡。这时，一个戴着魔鬼面具的男人忽然出现在我面前，他贪婪地把眼前的宝藏都装入自己的口袋。船的另一端，出现了一个穿着血红长袍的女强盗，我看不清她的脸，但是却能感觉到她很恐怖，她一步一步地走向我，我感觉自己的心越跳越快，最后竟然跳了出来，更为可怕的是，我的心居然变成了一块坚硬冰冷的石头……

自从知道男友的秘密后，我一直被这个噩梦困扰着。

我一直以为自己找到了好归宿，因为男友帅气体贴又多金，就在我们打算订婚的前一个月，我在没有通知男友的情况下，来到了他公司，结果看到令我意想不到的一幕。男友挽着一个衣着华丽的女人从大厦中走了出来，走到车前时，两人还当众亲吻。看到此景的我落荒而逃，后来我才知道了男友的秘密。

原来男友现在经营的公司并不属于他，而是属于那个女人，他们之间一直保持着亲密的关系。除此之外，与男友有亲密的关系的女人不止一个，而且都十分有钱。我没想到自己千挑万选的男朋友竟然是这样的人，但是又狠不下心与他分手，终日在原谅与不原谅他的选择中纠结。

在遇到男友之前，我曾经历过很多段感情，其中最让我难以释怀的就是我的初恋。我出生在一个贫穷的小镇，和初恋男友一起考到大城市，我们发誓要一起打拼未来，永远在一起。但是他却在毕业前夕和一个煤矿老板的女儿火速订婚，全然忘记了我们曾经许下的诺言。

从此以后我便心灰意冷，徘徊在形形色色的男人中间，只要是有钱的，我就愿意和他在一起，但是却从来未对他们用过真情。几年的时间里，我从那些男人身上得到了我想要的一切，房子、车子、金钱、地位……直到遇到现在的男朋友，我发现我们有着太多的相似之处。我与那些男人断绝了关系，全身心地投入到这段感情中，没想到却发生了这样的事。我很想一走了之，却又舍不下自己付出的感情。

阿雅

来信的两个女性朋友都在各自的睡梦中惊醒，她们能够很清晰地记得梦中发生了什么，并能通过对外描述，把诸多细节还原。这种情况在心理学中被称为"梦魇"，是一种心理学的生理性现象。

一般而言，梦魇之人多是遇到诸如抢劫、强暴等灾难性事件产生了应激反应。很多类似的暴力、恐怖影视片也常常有这样的特写镜头，当然，某些特殊药物的使用或停用也能诱发梦魇。

来信的两个朋友，则显然是因为曾经经历过应激事件，而且这些事情并没有得到解决，所以她们会被梦魇纠缠，甚至已经严重影响了心理健康。

实际上，人在清醒时，可以靠理智支配生活，早年留下的心理创伤会被理智抑制着，没有"发挥"的余地。而当人进入睡眠状态时，便不再受理智支配，意识被弱化，潜意识会苏醒，早年留下的心理创伤便会借助噩梦而尽情展现。所以，梦魇与内心恐惧有重要的关联性。

正是因为这个原因，梦魇成为我们了解自己心灵的一条有效途径。它在提醒我们，内心尚存在着一些未能打开的心结，包括那些未曾愈合的心理伤痕。

荣格是现代心理学鼻祖之一，他认为：梦向做梦者揭示了他个性中的一些隐秘因素，如果这些隐秘因素不被发现，它们就会扰乱做梦者清醒时的思维和行为，并以症状的形式暴露出来。因此，梦对于做梦者而言并非没有意义，它对解读一个人内心的秘密提供了有效的途径。

对阿丽而言，她在梦中遭人侵犯，正是她高中时候被人侵犯经历的影射，她被侵犯后心理的创伤一直没有愈合，虽然时间过去了很久，但是从她做的梦来看，她对这件事并没有释怀。

梦中出现的袖手旁观的那个男生，则代表了她渴望获得帮助但是却没有帮助她的人。

因为没有朋友、家人的帮助，她愈发感觉没有力量，甚至引发强烈的内疚，认为自己遭受的羞辱是因为自己的"爱美"所致。这应该与她的原生家庭对她的教育灌输有关，后来经过进一步核实，也证明了这一点。阿丽的父亲一直鄙视母亲的"爱美"，认为爱打扮的女人就是"虚荣"，长期影响，导致阿丽对自己的美也如同父亲批评母亲一般，有了一种耻辱感，最终阿丽将别人对她的侵犯归结于自身的过错。

　　对阿雅而言，她梦中的情景虽然没有阿丽体现得那样直白，但是也同样表现出了某种寓意，同时也说明阿雅把心中的秘密隐藏得更深。

　　很显然，阿雅的梦与她当下的情感经历有着密切的关系。出现在阿雅梦中戴着魔鬼面具的男人，就是影射阿雅的男朋友。因为当阿雅发现男友的秘密后，阿雅在内心里认为男朋友就是一个戴着面具的魔鬼——他对女人的钱财和感情进行掠夺，但没有人知道他的本来面目是什么样子。

　　而梦境中的女强盗则象征着阿雅自己，因为她曾经和男朋友一样，是一个掠夺别人金钱和感情的女人。而那个掏出石头心的她，则象征了过去的自己，因为遭到初恋男友的背叛，她的内心由柔软变得冷酷。

　　表面上，阿雅似乎忘了初恋男友的一切，但是那些悲伤、愤怒、仇恨的情绪却隐藏在了她的潜意识中，并对她的思维和行为产生了巨大的影响。她不停地寻找有钱的男人，对他们进行情感和金钱的掠夺，正是她报复初恋前男友的行为，那些有钱的男人，不过是初恋男友的替身罢了。

当她遇到现任男朋友后，由于同样的内心特质而相互吸引，阿雅甚至动了真心，把他视作结婚的对象。但是当他们识破了对方虚伪的外表时，就会立刻化身为"强盗"，用内心的冷漠和坚硬刺痛对方，伤害对方，并开始相互排斥。

阿雅之所以感到矛盾和痛苦，是因为她的价值观允许自己依靠男人的力量而生存，却不允许男朋友依靠其他的女人生存。

从这一点可以看出，阿雅对自己并没有清晰的认识，在现实生活中她伪装自己太久，甚至已经忘记了自己的真实感受，误以为冷酷、无情就是自己的真实面目。

一个人，其真正的幸福在于内心的健康与平衡，而不是对于过去的念念不忘。那些我们总也过不去的坎儿，里面肯定存在着大量不合适的信念，这些信念死死地纠缠着、压抑着我们，让我们身心俱疲、寸步难行。

当我们能够以梦魇的方式逐步揭开内心的秘密时，就应及时抓住这样的机会，给自己找一个安静的时刻，与自己对话，审视自己的过去，勇敢地面对，回到发生事情的那个当下，想一想那时候内心出现了什么样的声音，头脑中出现了哪些画面。

因为我们只有重回过去，才有修复创伤的可能性。对阿丽而言，当她知道了阻碍自己的声音是来自何方，就会恍然大悟，当她懂得自己对美的羞耻感的由来，也就释放了自己。与其等待一个爱自己的男性保护自己，不如自己保护自己，把所有的力量都放在自己这里，让自己的生命得到成长和舒展，否则，生命的能量会一直卡在过去的时刻，滞留成一个毒瘤，即使在睡梦中，也会让她隐痛。

而阿雅应该尝试着让自己的内心变得柔软，重新去相信爱，相信感情，唤醒内心深处的美好，使自己的内心获得新生，找到真正的自我，重新获得独立与自信，不再依靠男人而生存。只要她能够清理出这些积压在她心中的负面能量，就能够从梦魇中解脱出来。

要想摆脱梦魇，有这样一些方法：

1. 首先明确噩梦不是病态，不必因此而紧张，以免形成噩梦与精神、生理之间的恶性循环，加剧梦魇的纠缠。

2. 用心找出梦魇的诱因。俗话说，日有所思，夜有所梦。梦境多和白天精神过度紧张、心理压力过大有关，睡前吃得太饱、吸烟、饮酒，或者看恐怖片、书籍等，都有可能引发梦魇。只要找出梦魇的诱因，对症下药，状况就能够消除。

3. 逐步复述噩梦内容。如果醒后依然记得噩梦的内容，就详细地描述出来，包括每一个细节，尽可能用文字描述，当对噩梦的内容了解清楚后，受惊吓的程度就会减弱。或者幻想好的结局。例如，在白天看到了车祸，就可以幻想没有人员伤亡，这样就不至于引起晚上做噩梦。

4. 思考梦境的真正启示。如果梦境经常反复，或者在梦中的感受非常雷同，就要思考梦给自己的启示。其实，这些梦作为潜意识的信使，来向我们传递那不曾打开的心结，如果我们能坦然接受潜意识通过梦境带给自己的提示，我们就能获得心灵的成长。

爱的渴望背后深藏满满伤害

我们先看一个有关爱情的案例：

达林马上就要结婚了，最近这几天，达林问未婚夫最多的一句话就是："你会不会伤害我？"起初，未婚夫还会耐心地告诉她："我那么爱你，怎么会伤害你呢！"然而过后没过久，同样的问题就会再次被提出，因为这个问题，未婚夫都快得婚前恐惧症了。

达林为什么要反复问这个问题呢？这要从她高中时候说起。那时候达林学习成绩好，长得又漂亮，很多男生都喜欢她。然而达林却喜欢隔壁班的一个男生，那个男生很优秀，高大阳光，学习好，体育也好，每次看到达林，都会对她露出好看的笑容。达林相信那个男生也是喜欢自己的，但是等了许久，男生也没有向自己表白。于是达林采取了主动，她在放学的路上等到那个男生，然后告诉他自己喜欢他。

男生听后先是一愣，然后结结巴巴地告诉达林，他不想因为儿女情长的事情耽误学习……达林简直不敢相信自己的耳朵，他居然这样拒绝了自己！回家后，达林把自己关在屋子里哭得昏天黑地，她觉得自尊心受到了莫大的伤害。从那天起，达林一门心思扑在了学习上，最后以优异的成绩考上了大学。在大学许多男生向达林示好，每每这时，达林就想到自己被那个男生拒绝的情景。于是她不敢接近那些男生，生怕自己再次受到伤害。

毕业后，经家人的介绍，达林认识了未婚夫，家人都说这个男人诚实可靠，但是达林还是怕自己再次受到伤害。眼看婚期越来越近，达林内心的恐慌也越来越严重。终于，达林做了一个决定，她通过各种途径找到了那个当年拒绝她的男生的QQ号，然后在QQ上问对方："那时候你真的一点也不喜欢我吗？"那个男生发来一个不好意思的表情，然后说："其实有一点喜欢，但是大家都说你很高傲，我觉得自己配不上你，落得最后被你甩的下场，所以在你对我表白时选择了退缩，这些年来，我一直都很后悔。但是因为当初拒绝了你，碍于面子，就没有再联系你。"

看到这一席话，达林忽然感觉多年的心结打开了，就像是久未放晴的天空，忽然照进一束阳光。她发现，其实当年的伤痛也没有那么严重，自己感到难过，只是自尊心受到了伤害。结婚那天，达林挽着未婚夫高高兴兴地走进礼堂，再也不问"你会不会伤害我"这样的问题了。

我们再来看一个有关亲情的案例：

中午，大家都聚在休息间吃工作餐。忽然，一向开朗活泼的方芳把盒饭扔在了地上，眼睛瞪着坐在她对面的安茹大声说道："你把你刚才的话再说一遍！"在场的人立刻围上去劝她们有话好好说。

安茹见方芳如此激动，把饭盒一推，留下一句"神经病"就离开了。同事们都不知道发生了什么事，以至于让一向和气待人的方芳发这么大火。确实，方芳一贯给人活泼开朗的印象，从来不会斤斤计较，但是她有一大忌，就是不能听人在她面前提起奶奶，因为奶奶是她这辈子最恨的人。

今天中午，安茹一边吃饭，一边不断地炫耀自己的奶奶是多么疼爱自己，方芳让她不要显摆了，安茹开玩笑地说了一句："怎么？你嫉妒啊！"却没有想到犯了方芳的大忌。方芳也不知道自己是不是嫉妒，总之，别人一在她面前提起奶奶的事情，就会让她不开心。

方芳的奶奶重男轻女，方芳作为家族中第一个孩子降生时，奶奶的脸拉得比驴还长，连看都没有看方芳一眼，就气鼓鼓地离开了。从此奶奶对方芳母亲的态度也是大转弯，再也没有给过好脸色。这一切都是方芳从母亲的诉说中知道的，母亲本来还想再生一个孩子，但是怕生下男孩儿让奶奶得意，于是就没有再生。这些年来，不管是逢年还是过节，母亲都没有再去过奶奶家。

如果只是母亲和奶奶之间的矛盾，并不至于让方芳如此憎恨奶奶。在方芳五岁时，父母因为有急事，临时把方芳交给奶奶照看。中午吃饭时，方芳刚爬上高高的椅子，就被奶奶一把拽了下来，并对她说："你来的时候，你爸妈可没给你带饭吃。"年幼的方芳只好躲在柜子旁边的角落里，一边咽着口水，一边看着奶奶不断给叔叔家的弟弟夹菜。后来方芳再也不愿意去奶奶家，逼不得已非要去，就一定要父母为自己准备好饭菜。

这件事情留给方芳的记忆是一生的伤痛，所以奶奶去世时，方芳借口无法向学校请假，没有回去见奶奶最后一面，她希望自己能够渐渐忘记这件事情。但是她发现，只要有人在她面前提及奶奶两个字，就好像有人在用针扎她的心一样，她无法控制自己内心的伤痛和愤怒。

下午下班回家后，母亲看出方芳心情不好，便询问起来。方芳一五一十地告诉了母亲，这是方芳第一次在母亲面前提起奶奶。母亲听完，叹着气说："唉，没想到我和你奶奶之间的事情会影响你这么久。其实想一想我也有不对的地方，从小我是独生女，嫁给你爸时，还没学会怎么做个媳妇，对你奶奶也不够尊敬。她不让你吃饭，也不能全怪她，因为有一次她路过咱家，正好赶上饭点，我却没有留她吃饭，想必她当时心里也不好受。只是那时候太年轻，根本不会顾及别人的感受……"

母亲絮絮叨叨地说了许多以前的事情，包括她和父亲结婚时，奶奶把家中最好的一床被子给了他们，这让后来的婶婶计较了很久。方芳发现，自己一直以来的憎恨是那么可笑，不但折磨着自己的内心，也让自己失去了可能做一个好孙女的机会。

恋爱中的被拒绝和被抛弃，往往成为我们生命中的重创。这就是达林始终对亲密关系怀有不安的原因之一。但是，就算当年喜欢的对象真的不爱自己，自己就无法走出那个阴影吗？

爱情是两个人的事情，两个完全平等的、有独立人格的人的事情。你可以努力，但并不是你努力了就一定会有效果，因为另一个人的思想和行为，你并不能左右。

亲人之间的伤害也是极具杀伤力的，而幼小的孩子很容易成为成年人之间相互伤害的牺牲品，如方芳。小孩子的思维是非常局限的，有些伤痛会影响自己一生，因为缺少反思和换位思考的能力。只有全面地看待真相，我们才明白，伤害背后全都是关于爱的渴望。伤害从来都是双向的。

通常，一个正常的人不会轻易地攻击伤害他人，能够引起他人的攻击和伤害，一定是你挑战了他的安全感，激起了对方的防御，所以迫使他做出伤害你的行为。事实上，在对方的心里，也会因为自己伤害了他人而内疚，甚至也受到同样的伤害。

达林因为遭到喜欢的男生的拒绝，感到自己受到了伤害，并且这种伤痛一直伴随着她成长，导致她一直认为对方伤害了她，并害怕自己在今后的恋情中同样受到伤害。而事实上却是因为她的优秀使对方望而却步，对方为了使自己不被她伤害，而以拒绝作为自我保护的手段。多年以后，对方一直记得这件事情，说明当时在他心中也同样被这种伤害所折磨。如果不是逼不得已，对方绝不会做出伤害他人的行为。

我们不能容忍他人的某种行为，往往是因为我们不允许自己是那个样子。当对某件事情表示抗议时，实际上是在给自己设限，让自己不得自由。这一切的背后，都是关于爱的渴望，希望对方能够像自己想要的那个样子爱自己。

而这是一个错误的逻辑，别人不是我们脑海中想的那个人，也不是能接纳自己全部的"万能父母"，因此，我们没有权利去要求他人怎样做。

当自己的希望落空，怨恨也就从心中升起了，认为对方伤害了自己，事实上，对方已经尽了最大的努力来避免这场伤害了。

同样，当我们伤害和攻击他人时，一定有同样的力反作用于自己。很多人应该都有这样的体验：当一个你不喜欢的人向你表白时，面对他的真诚与热情，你一定会采取最不伤害对方的方式去拒绝，但是无论你怎么努力，对方还是会因此而受伤害。尽管你已经努力把伤害降低到最小的程度，当你看到对方受伤的样子时，依旧会自责，会因此而难过。

而一个人所受到的心理伤害，往往可以从他的幼年时期得到印证。就像发生在方芳身上的事情，对他人而言，谈论奶奶是很正常的事情，根本无法构成伤害。而对方芳而言，在她面前谈论奶奶则是对她很严重的伤害。

所以，并不是因为他人谈论奶奶这件事有多么大的杀伤力，而是因为方芳的内心中早已经形成了关于奶奶的伤痛，别人谈及的，不过是触碰了她未曾愈合的伤疤而已。在方芳幼年时期，奶奶的行为深深地伤害了她，再加上母亲和奶奶之间关系紧张，导致方芳一直没有更加全面地认识奶奶。

从方芳对奶奶耿耿于怀的憎恨可以看出，我们被伤害的，正是希望对方给予的东西，恰是自己所匮乏的，希望能够从对方身上得到圆满，而当对方无法给予，造成我们的"伤痛"时，也正是我们看到自身匮乏的机会。

孩童时代的我们还不够强大，需要被动去接受爱，但是已经长大成人的我们完全有能力去弥补自己的匮乏，我们可以通过爱自己，宽恕对方，去完成自身的成熟。

如果我们不愿意向内看，就会通过怨恨的方式，放弃自我补救的机会，并把责任推到对方身上，实则是对对方不公平的对待。无论是奶奶和方芳母亲之间的恩怨，还是方芳对奶奶的怨恨都体现了这个道理。

达林对待爱情总是有一种恐惧感，害怕因此受到伤害；方芳则害怕别人提到奶奶，一旦别人提到她就会觉得很受伤。这在心理学上被称作被动攻击个性，如果这种个性发展到一定程度，就会变成一种人格缺陷（即被动攻击型人格障碍）。

谈到伤害，我很想给朋友们分享冥想这一干预手段。事实上，冥想是心理学常用的治疗方法之一，是通过想象展开与自己的对话，从而解开心中的郁结。

首先，想象自己很同情伤害过自己的人，同时也很同情自己，然后坐下或者躺下，放松手和胳膊，双腿放直，眼睛微闭，做几组深呼吸，放松自己还在紧张的部分，让自己处在一种沉稳、温暖、舒服的境界中，让大脑处于一种放空的状态。

接着想象对面的椅子上坐着曾经伤害自己的人，他坐在那里，没有说任何话。这时候，你用低沉、清晰、舒缓的语调对他说："我们都是人，为了某些原因，你伤害我，只是想能够更好地生存。由于你的理解局限和你自身条件的限制，你已经做了你最大的努力。我理解你的动机、你的担心和你的期望。因为我也是人，所以也有你这些体会。虽然我做不到喜欢你的所作所为，但至少我能够理解。

我接受了你伤害我的事实，尽管我不喜欢这样，但是我也不会因此而报复你，因为这改变不了既定的事实。也许我不会同意和认可你的行为，但是我可以宽恕你，过去的事情我可以忘记，并擦干净所有的痕迹，这比向你索要赔偿更加有用。现在，我已经放弃了所有对你的仇恨，只想把握好现在。"

以上这段话，既可以自己念给自己听，也可以录在录音机中，放给自己听。在说完这段话后，继续看着对方，然后在心里慢慢接纳他，敞开自己，让心中的怨恨一点一点消逝。如果认为自己仍然忘不掉，则可以安排更多的时间进行冥想，直到内心真正地宽恕了对方，就可以让坐在椅子上的人消失了。

这是通过冥想原谅伤害自己的人，对于自己伤害过他人而愧疚的心理也可以用冥想的方式来解脱。这时候，则想象对面椅子上坐着一个曾被自己伤害的人，你想要得到他的谅解，想象此人正一脸期待地望着自己，为了使场景更加逼真，可以想象对方的衣着和外表。然后对对方说："我是一个平凡的人，因此我并不完美，我和你一样，需要更好地生存，我伤害了你，是因为我觉得这是我能够做到的最好的选择，如果我当时有我现在的意识，我会考虑用更加合适的方式对待你，对于我给你造成的伤痛我十分抱歉，希望你能够明白那并不是我的本意。

现在这已经成为既定的事实，我已经无法改变什么，如果能够重新来过，我情愿我从来没有伤害过你。请你原谅我，我不要求你能够完全认同我的行为，或是认同我的观点，但是真心请求你的原谅，就此解决我们之间的分歧。"

说完后，看着对方的脸，直到对方脸上出现笑容，就说明在你心里他已经原谅了你，接受了你的道歉，这时就可以想象对方离开了。

原谅了他人，并让他人原谅了自己，最后，还需要自己原谅自己。想象自己的衣着和长相，然后对自己说："我是一个普通人，有自己的价值观，我认真地过好每一天，任何事情我都会先考虑自己，这是无可厚非的。我的理想和需要是争取来的，我可以选择自己想要的东西，没有必要得到他人的认同，我会为自己做出的决定负责。

我已经对自己的想法和行为都做出了最佳的选择，但是仍然不能避免错误的产生。对此，我已经吸取了教训，并会在今后的行为中改正，因此我原谅了自己所犯的错误。"

说完这一切后，就可以让思绪回到自己身上，从椅子上站起来，接受一个焕然一新的自己。

坏情绪同样提供成长力量

后悔、愤怒、悲伤、焦虑、恐惧等种种不良的情绪，是我们人生中难免要品尝的滋味。多数人都将这些情绪视为洪水猛兽，或起码视为心理健康的敌人。因此，当有了这些坏情绪时，往往第一反应是摆脱、逃避。但是，假如你坦然接受了这些，也不去与之抗拒，你就会发现，原来这些看似不良的东西一样会给你的人生带来养料。

每种负面情绪都是一种推力，都在推动着我们去做出行动。这种推动力或者是指出一个方向，也可能是给予了一种力量，有的甚至是两者兼备。

比如愤怒，它是一种高能量的情绪，可以被用来帮助我们做出反应并采取行动，可使我们克服那些本来不可逾越的障碍和困难。它经常和我们不喜欢的情况联系在一起，它为我们提供能量，使我们对这些障碍和困难做出反应。

比如后悔，它在提醒我们，要找一个更有效果的做法，同时让我们更明确内心的价值观排序。

又比如恐惧，也是一种高能量的情绪，恐惧可以提高神经系统的灵敏度，并能使意识性增强，这对我们提高对潜在问题的警觉性有很大帮助。

再比如惭愧，它提醒我们一件表面上已经完结的事，但还需要我们再采取行动使之变得真正的完整。

还有悲伤，这是一种能促进深沉思考的情绪，能更好地从失去中获得智慧，更让我们珍惜目前拥有的。

……

既然问题不是情绪本身，就要看你是如何去拓展你情绪上的选择空间了，也就是情绪的运用能力。如果你感到在情绪上没有选择的余地，那么，负面情绪会占上风，它将主宰你的思想以及行动。当你有了情绪上的运用能力，你就能对这些情绪产生新的想法并赋予它们新的价值。

在高中时代，我们班的苏亮被公认为是全班最自卑的同学。他上课从不敢主动发言，也没有什么朋友，更不要说去接触女生了。高中毕业后大家挥手告别，各奔东西，许多人甚至都没想过给他留一句关于未来的祝福。

15年后，大家通过校友录联系上了很多同学，终于在春节期间组织了一场同学聚会。当年许多在班级里活跃的同学如今被生活磨砺成了一言不发的旁观者。还有苏亮——那个被公认为将是全班最没出息的人还是和当年一样平凡得如一粒尘土，不出众，不显眼，也不高谈阔论，依然静静地坐在角落里。

聚会到了高潮，每人依次上台讲述自己的现状和理想，还有对目前生活的满意程度。大多数人的现状都不如当年刚考上大学时候的理想，对目前生活满意的人几乎没有。

苏亮上台了："我目前运营着几家公司，总资产大概几百万元，远远超过当年高中毕业时的理想。如果说还有什么遗憾的话，就是我认为离那些我所欣赏的成功者还很遥远。说实话，无论是在学校还是走向社会，我一直很自卑，感觉每个人都有特长，都比我强。所以我要努力学习每个人的特长，并且丢掉自己的缺点。但我发现无论我如何努力也总是无法赶上一些人，所以我就一直自卑下去。

因为自卑，我把远大理想埋在心底，努力做好手头的每一件小事；因为自卑，我将所有的伟大目标转化成向别人学习的一点点的进步。进步一点，战胜一个自卑的理由，同时又会发现一个自卑的借口。就这样，我一直活在自卑里，却也获得源源不断的前进动力。"

大家听了他的话先是惊呆、沉默，后来爆发出一阵持续而热烈的掌声，这掌声也包含了大家对他今后事业的祝福。

印度哲人克里希那穆提说过，一切问题源自我们拒绝接受真相。为了拒绝接受真相，我们刻意朝相反的方向走，当我们这样做时，我们就会陷入"反相"的泥潭中。

你愤怒，但你觉得愤怒不好，于是你表现得更有善意，但愤怒积攒太多了，突然一天你爆发了……

你内向，但你觉得内向不好，于是你变成了一个朋友极多的人，但当别人问谁是你的知己朋友时，你却发现，你没有一个真正的朋友……

你焦虑，但你觉得焦虑不好，于是你表现得总是波澜不惊，但你得了胃溃疡、十二指肠溃疡……

其实，接受你自己的情绪，接受自己的"坏我"，能帮你从所谓的负面情绪中汲取力量。

下面是我的朋友思思的一段人生故事：

思思在上大学的时候接受了一份不情愿的恋爱。接受的理由一方面是因为不适应大学生活而性格变得很自闭，另一方面是自己期待的爱情得不到结果而倍感失落。生活已经无望，就给自己创造一点色彩吧！

还有一个更重要的原因是思思的妈妈极力支持，理由也很充分：这个男孩从初中就开始喜欢你，喜欢了你这么多年，这样爱你的人去哪里找；理由二是他家境富裕，大学毕业后可帮助安排工作，而经济衰落又无权无势的自己家是无法承担思思的工作问题的。

思思是处于抑郁症的状态下接受了这个人的，她感觉自己就像浮萍一样失去了根基，随便抓住一个人让自己安稳一点就可以了。况且，恋爱的打击已经让她失去了爱其他人的力量，她觉得找一个爱自己的人也没有什么不好。

结果，一场无聊的爱情展开了，思思听从强势母亲的安排，自己在男朋友来的时候也知道打扮，内心却无法激起快乐的涟漪。

直到自己稀里糊涂地怀孕，直到忍着剧痛和少女的羞耻去医院打胎，她的内心经受着各种各样的撕扯。

在混沌、抑郁而无聊的状态中，思思感觉自己似乎已经死了，自己依然无依无靠。

直到后来男朋友提出分手，思思不知道是什么理由，或许是因为他的母亲不喜欢她，或许是他对她缺乏表情的面容感到了厌倦……思思在分手时流了很多泪水，不是因为舍不得他，而是陷入了前所未有的自怜！内心有个声音在说："这个所谓爱你的人都不要你了，现在，没有人爱你了，你彻底孤单一人了。"

在分手回来的汽车上，思思把自己曾经给他的照片全部都撕碎，看着它们一片片在窗外飞散而去，悲伤之至，但奇怪的是，与此同时，心底却产生了从未有过的轻松和力量：我终于摆脱了这场我不喜欢的恋爱！虽然现在一无所有，但一切都是崭新的！

后来，思思大学毕业后去了另一个城市，靠自己的力量获得了财富和爱情。在回忆过去的经历时，她非常感谢以前的男朋友主动提出分手，这虽然让她自怜悲伤到了极点，但也从此让她展开了新生。如果继续下去，和他结婚，那她一辈子都将在郁郁寡欢中度过。

这段痛苦的经历也让思思明白了至关重要的一个道理：任何时候，都要听从自己的意愿去做选择。

若干年后，思思和我在北京相遇，在和我谈到这段经历的时候，她已经很平静，并且也允许我把这段故事写出来，她想告诉更多的人：悲伤到极致，智慧就会来临，老天一直是这样公平。

所有的情绪、感受和体验都有这种力量。任何情绪、感受和体验都在告诉我们一些信息，都在指引我们走向好的成长之路。

当我们陷入负面情绪的时候，灵魂似乎处于无边的黑夜，这会让人很恐惧。但是，许多哲人都说过，不必抵触灵魂的黑夜，相反，当你拥抱它，当你做到全然地拥抱"灵魂的黑夜"时，它便给你巨大的能量。

我们在生活中经历的种种，其实都可以成为我们生命的养料，别忘了，情绪本身就是一种推动力。

江山本可改，本性亦可移

有一天，我到市区办事，想起同学所在的公司就在附近，好久没见了，就去探望她一下。

结果，我还没说话，她就一把把我拉到会客厅，跟我发起了牢骚。

原来她丈夫总爱使用领导对下属的口吻和她说话，她做的每件事情，他都要评价，不幸的是，基本上没有积极的肯定，每次都是站在"期望你更完美"的角度上希望她能"不断改进"。她想买一件大衣，即便她非常喜欢，但只要她丈夫觉得不合适就坚决不让她买。如果她坚持自己的主张，肯定又会造成争吵，她每次都忍气吞声，但心里一直是愤愤难平的，现在积怨越积越多，他俩不说话则已，一说话就吵架。

她也问过丈夫："为什么你就不能好好地和我沟通呢？"她丈夫回答说："我的本性就是这样，没办法，我就是大男人。如果不这样，我也就不再是我了。"

这位男士对自己行为的解释，是他的自我定义。他的潜台词是："我在这方面已经定型了，我要继续成为长久以来的这个样子。"如果一个人保持着这种态度，他根本就是在扼杀成长的机会，从而给自己留下永远无法改变的问题。

标定了自己是何种人——"我一向如此，这是我的本性"，这种态度只会加强你的惰性，阻碍自己的成长，也是一种自我设限。

一个来自鲨鱼的例子生动地说明了这一点：

曾有人做过实验，将一只凶猛的鲨鱼和一群热带鱼放在同一个池子，然后用强化玻璃隔开。最初，鲨鱼每天不断冲撞那块透明的玻璃，奈何这只是徒劳，它始终不能到对面去。实验人员每天都会放一些鲫鱼来喂鲨鱼，所以鲨鱼并没有缺少过猎物，只不过它总想到对面去，想尝尝那些美丽的热带鱼的滋味。它每天仍是不断地冲撞那块玻璃，试了每个角落，每次都用尽全力，但每次也总是弄得伤痕累累。就这样持续了好长的一段时间。每当玻璃一出现裂痕，实验人员马上换上一块更厚的玻璃。

后来，鲨鱼不再冲撞玻璃了，对那些斑斓的热带鱼也不再在意了。它开始等着每天固定投喂的鲫鱼，然后用它敏捷的本能进行狩猎。

实验到了最后的阶段，实验人员将玻璃取走了。鲨鱼没有反应，每天仍是在固定的区域游着，它不但对那些热带鱼熟视无睹，甚至当那些鲫鱼逃到那边去，它就立刻放弃追逐，根本不会再过去。

或许这位男士在成长过程中，像实验中的鲨鱼一样受到了惩罚，或者是做"大男人"而受到了鼓励，因此就一直沿袭这个习惯，把它视为自我的一部分，认为如果改变就意味着自我的丧失。

可是，生命本身就是一个流动着的过程，固守着僵化的自我的行为本身就是丧失自我。

很多人都容易把"自我描述"当成自己不求改变的辩护理由，实际上，一旦标定了自我是什么样的人，就是在否认自我，因为当一个人必须去遵守标签上的自我定义时，自我就不存在了。他们不去向这些借口以及其背后的自毁性想法挑战，却只是接受它们，承认自己一直如此，这往往会带来恶果。

描述自己比改变自己容易多了。无论什么时候当你想逃避某些事情，或者掩饰人格上的缺陷，总可以用"我一直这样"

来为自己辩护。实际上，这些定义用了多次以后，会进入潜意识，你也开始相信自己就是这样，到那时候，你定了型，以后你的日子就注定是这个样子了。

还有一些人不愿改变是因为别人会从自己的成长中获得益处，苹果树的故事就体现了这类人的心态：

一棵苹果树，终于到了结果子的年龄。第一年，它结了10个苹果，9个被拿走，自己得到1个。对此，苹果树愤愤不平，于是自断经脉，拒绝成长。第二年，它结了5个苹果，4个被拿走，自己得到1个。"哈哈，去年我得到了10%，今年得到20%！翻了一番。"这棵苹果树心理平衡了。

其实，它还可以这样：放弃自毁行为，继续成长。比如，第二年，它结了100个果子，被拿走90个，自己得到10个。也有这样的可能，它被拿走99个，自己得到1个。但没关系，它还可以继续成长，第三年结1000个果子……

其实，得到多少果子不是最重要的，最重要的是，苹果树在成长！但是，如果苹果树为了阻止别人能从它的成长中受益就停止自我改变和成长，那它永远也长不成参天大树。

自我，也称为自我意识或自我概念，主要是指一个人如何看待自己，是对自己总体的知觉和认识，是自我知觉和自我评价的统一。自我概念包括对自己身份的界定，对自我能力的认识，对自己的人际关系以及自己与环境关系的认识等。

生活中，明知道自己的缺点而不愿改变自我的人很多，那些认为自己是成年人了，已经很"成熟"了，内心就停止成长的人则更普遍。

要让自己的内心成长，我们要时刻提防自己的头脑中冒出的那些"逃避"的用语，一旦出现，就要赶快纠正自己。

把"那就是我"改成"那是以前的我"；

把"我没有办法"改成"如果我努力，我就能改变"；

把"那是我的本性"改成"以前那是我的本性"。

因为一旦给自己贴上了标签，就是画地为牢。要永远提醒自己不要做一个困兽，更不要自己画地为牢，那样最终受害的，是我们自己。

除了要破除那些消极的自我概念，还应该建立积极的自我概念，这同样有助于我们成长。积极的自我概念是建立在对现实自我全面客观认识的基础上的一种积极态度，意味着一个人对自我的认同和积极接纳以及一个人对自我的不断完善和发展。培养积极的自我概念，包括全面客观认识自我和积极悦纳自我两个方面。

全面客观地认识自我是形成积极自我概念的基础。具体而言，可以从以下几个方面进行：

1. 积极参加社会交往。一个人要想全面客观地认识自我，首先必须多进行社会交往，充分表现自我，发现自己的优点和不足。

2．合理运用社会比较策略。每个人在认识自我的过程中，免不了要与别人进行比较。进行社会比较是每个人全面客观认识自我的重要方式。合理的社会比较策略，对积极的自我概念的形成具有重要意义。

合理的社会比较，必然是综合的比较，既要横向比较，也要纵向比较，绝不能无原则地攀比。因为不同的人有不同的生活起点，譬如家庭背景、生理状况、智力程度、生活遭遇等，因此，在社会比较过程中必须综合考虑。这样就会形成积极的自我意识。

3．留意他人对自己的态度和评价。不同的人对自己的评价往往不同，同一个人对自己的评价在不同的时期也会发生变化。每一种评价都不可能是对"自我"的全面客观的评价，但只要我们把它们综合起来，就能得到比较全面的自我概念。

因此在生活中，我们要留意多方面的信息，这样我们就能够逐步形成对自我的全面客观的认识。当然在听取别人意见的过程中要虚心认真，从而不断调整自我、战胜自我、完善自我。

"悦纳自我"是发展积极自我概念的核心和关键。一个人首先应自我接纳，才能为他人所接纳。"悦纳自我"就是要无条件地接受自己的一切，无论是好的或坏的，成功的或失败的，有价值的或无价值的。凡自身现实的一切都应该积极悦纳，要平静而理智地对待自己的长短优劣、得失成败，要乐观开朗，以发展的眼光来看自己，既不以虚幻的自我来补偿内心的空虚，自欺欺人，也不消极回避自身的现状，更不能以哀怨、自责甚至厌恶来否定自己。在"自我悦纳"的基础上，培养自信、自立、自强、自主的心理品质，从而发展自我，更新自我。

第七章

CHAPTER SEVEN

用爱疗愈你自己

我们经常有这样的经历：当非常渴望某种东西或体验而千辛万苦地追寻和获取时，忽然某天对所热衷的一切感到索然无味，继而内心充满空虚和无聊，不知所措……

我们对自己的探索应该不仅仅局限于对自己的了解、对自身问题的了解以及如何摆脱或治疗身心问题上，我们的最终目的应该是了解生命、享受生命、活出生命的精彩。

一切都是最好的安排

　　病症发生时，会让我们的生活发生变化。由于病症，我们生活中原有的一切秩序被打乱了。我们痛恨病症。然而，如果换一种角度看待病症，也许会有另一种发现。

　　一粒沙子嵌入了蚌的体内，蚌无法将其排出体外，就分泌出一种半透明的物质用以疗伤。经过很长时间，那粒沙子被层层包裹起来，形成一颗晶莹璀璨的珍珠。人们珍爱的宝贝，熠熠生辉的珍珠，竟然是蚌之"病"。

　　据科学调查，长年不患感冒的人得癌症的概率是经常患感冒人群的六倍，因为平时的感冒发烧可以烧死很多病菌。

　　孩子在成长的过程中经常会犯错误，但是经过批评教育，他逐渐学会明辨是非，从稚嫩走向成熟。大人也经常犯错误，一经发现及时改正，人则会向正确的方向前进。

美国政治家富兰克林有一次去拜访一位长者，到长者住所时，因为房门太小了，头不小心撞在门框上，富兰克林痛得掉下眼泪，长者在一旁笑说："是不是很痛？此行你最大的收获应该就是这个吧。一个人想立足于世间，要过得平安顺利，就得常常低头，放下身段，千万要记取这个痛的教训！它将带给你不少利益。"富兰克林牢牢记住长者的教训，从此把"低头、谦逊"列入生活准则。

如果我们带着正确意识去经历病症，我们是可以治愈它并免于再遭遇它的。然而如果我们无意识地经历，只懂得抱怨、不平，那么我们的病症就会加剧或反复，而我们则会瘫软在这样的模式里面。如果我们正确看待疾病，感恩一定会自动发生。

疾病的发生不能说是好事，但也不算是坏事，就在于我们如何看待，而最好的态度就是对它表达感恩。

在能量疗愈课程里有一种疗法就运用了这种法则，即当疾病发生的时候我们需要静静地看着它，首先对它表示感谢，是它给我们以提示，让我们关注自己，然后静静地看着它或者抛出问题："你的显现是为了什么？"

也就是说，我们可以把病症当做一种独立的生命体，与它交流，观看它的颜色、形状等，通过这些做法，我们可以获得病症的疗愈，更能获得心灵的觉悟。

当我们用感恩之心看待一切的时候，我们的心会变得更柔软、更宽广，我们真的可以找到值得感恩的种种理由。

一位牧师拿着教会急需用于施工的钱，在路上遇上了劫匪，钱全部被抢走了。

回到教会，每个人都急着追问他事情发生的经过，他却说要找个地方静下来祷告。15分钟之后，牧师从祷告室里走出来，有人问："你的祷告是求神让你寻回那笔钱吗？"另一个人说："不是的，牧师一定是求神再赐下另一笔钱给我们用。"

牧师徐徐说："我刚才感谢神三件事：第一，感谢他，因为我只是被抢了钱，身体没有受到伤害；第二，我感谢神，因为这是我30年来第一次遇上强盗，过去的30年，我都蒙神庇护从未遇到过抢劫；第三，最感恩的，是我被人抢去东西，而不是我去抢他人的东西。感谢神赐给我良好的成长环境和家庭教育，令我不至沦为强盗。"

一切都是恩典。一切都是最好的安排。无论是痛苦的或是辛酸的。

实际上，痛苦的经历，往往蕴含着深层、长远的意义。当有一天我们能够通过痛苦窥见其背后的真意，那么，我们心中一定会升起由衷的感恩和坚定的力量。

全然地接受自己

    做生命的主人，我们需要学会爱自己。爱自己就是接受自己，接受所有的自己。

    我们的存在就是完美的，我们之所以拥有千差万别的体态样貌，就是为了从不同的角度展现生命智慧的完美。我们不必为自己没有张三的聪明、李四的口才、王五的健美而责怪和嫌弃自己，我们也不必因做错了事情而不原谅自己。

    我们要全然地接受自己，如此才能看到自己的精彩。

    当然，接受自己和自爱并不是自私，两者的方向和内涵完全不同。自私是以自己为中心，充满敌意及防卫的状态。因为"自我"认为所有生命的意义只有依靠外在才能实现，而且外在的资源是非常有限的，所以为了自身的生存，"自我"必须竞争、必须争夺、必须防卫。这是自私行为产生的最深层的原因，这是一种认识的误区，是陷入没有尽头的挣扎之源。

而自爱就是以真实的态度面对自己，真实面对自己的感受和情绪，不逃避、不篡改。自爱就是全然地看自己，不加任何评论或批判，让所有的真实展开。

自爱是关注内在的，是包容和呵护内在的一种状态。它不依靠外在来证明自己的成功或存在，自爱的目的在于看自己是否活出了生命之精彩。

接受自己，不是溺爱自己，不是把所有错误和责任推给他人。

其实，当我们真正接受自己的时候，对外界的评判和排斥也就不存在了。因为外在就是内在的投射，如果我们对外在的一切充满愤怒、不满以及失望，那么实际上是我们对自己愤怒、不满和失望，是我们自己不接受自己。

唯有学会自爱，才可以活得轻松愉悦，才有能力爱别人，不然我们的爱就是畸形的，我们的生活自然会充满痛苦。

接受自己吧！接受自己本来的样子吧！让我们的身心完整合一，这是通往成熟的道路。

森林里住着一群小动物，有兔子、猴子、斑马、大象、长颈鹿等。

有一天动物运动会开始了，小动物们都去报名了，项目有爬杆、举重、跑步等，丰富多彩。

第一项是爬杆比赛。小动物们都在杆子下准备着，只听熊裁判说了声"比赛正式开始"，猴子就第一个冲到了终点，拿了冠军。猴子每年都是爬杆冠军，很多小动物都在猴子面前送花、拍照。

第二个项目是举重，小动物们都准备就绪了，只听熊裁判说了声"比赛开始"，小动物们各个使出全身的力气向上举，观众们都扯开了嗓子喊加油。最后，大象又稳拿冠军了。

最后一个项目是跑步，发令枪声一响，小兔子就像箭一样地冲出了起跑线，箭一样地冲到了终点。

猴子是爬杆冠军。大象是举重冠军。小兔子是跑步冠军。

大家都是冠军。

是的，每个人都拥有自己的精彩。

对生命的体验表示尊重

生命充满奥秘，也充满智慧。

生命给我们出了很多难题，同时也给我们提供了很多线索，甚至难题本身也是线索。我们需要做的只是去经历它，沿着它提供的线索去探索它，发现它，体验它，超越它。

生命不仅通过我们的身体来表达它自己，也通过我们的心理活动来表达它自己，也就是说我们身体任何部分的任何感受、体验、状态、境遇都带着生命的信息，都包含着揭开生命奥秘的线索。这些信息或线索看似散乱和随意，但实际上具有非常严密和巧妙的代表性、规律性、关联性。如果我们足够敏感，足够尊重，足够开放，那么我们一定可以看到是"谁"在创造病症、混乱和痛苦。

为了体验生命并找到其提供的信息或线索，我们需要足够敏感，我们需要对自己身心各层次的活动状态及变化具有真实的感受。

其实任何大的病症或灾难事件，在发生之前都有一个潜伏期，都有一些预兆，如身体部位的各种表现，如自己内心的感觉、忽然的灵感等。就连我们无意识的内心不安、焦虑等都有外在的显现或端倪，如抱臂可能表达了内心的防御及不自信；挠鼻子可能表达自己在说谎；双手插兜表达了有所隐瞒或保留等。

是哪里失去了平衡？是哪里产生了堵塞？有哪些我们需要释放的情绪？谁在不安？谁在说谎？谁在隐瞒？如果我们足够敏感，我们可以根据线索看到深层真相，从而有效应对、避免小的表征延续或恶化等。当然，足够敏感不是过度敏感、疑神疑鬼、杯弓影蛇，而是一种内在全然感受的状态。

如何保持敏感呢？只有当所发生的一切"全新"的时候，我们才有可能对它保持敏感。如果所发生的一切很陈旧、很重复，那么即使我们努力也无法变得更敏感。

问题的根本是，我们必须把陈旧的思想放下，全然地进入。就如孩子，孩子们总是爱无数次地看同一个动画片，重复地听同样的对话，重复地玩同一个游戏，然而，无论重复多少次，他们总是一如既往地投入和欢喜。这是一种乐在其中的品质，也是一种全然进入的状态。长大成人的我们失却了孩子般的单纯品质，我们很多时候无法足够敏感。

我们对自己的感受体验不但需要足够敏感，还需要足够尊重。

足够尊重，就是尊重感受体验原来的样子，不要按照大众标准或自己心里理想的状态去篡改和解释。如果我们感到痛苦，那就可以用自己的方式表达出来，而不是漠视、否认和转化。可悲的是，我们很多时候都不愿意接受痛苦，不愿意表达痛苦，更不会体验。

病症的发生必定不是突然和无缘无故的，细细体验，一定能找到原因。其实我们深层的痛苦并非真的来自于那些发生在我们身上的病症本身，而是那种试图规避的努力和期望。我们总是习惯性地规避痛苦和不顺，然而痛和不顺本身就是信息和体验。当我们想尽办法，努力追求美好的时候，就已经把自己困在一个有限和对立的世界里面，在那里唯一没有尽头的只有"痛苦"。

痛苦就是最大的线索，我们必须对其足够敏感和足够尊重，如此，才可以看穿其背后的真相。

那个真相，那个我们内在最本质的东西，它流经所有一切，并造就一切，它是这一切的源头。

它是河流，它创造了河床。

我们是河床，但却误以为自己是河流。我们不但误以为自己是河流，而且试图去证明。

这个自以为是河流的幻觉就是"我"，这个"我"最怕受到质疑并面对真相，于是这个"我"需要不断证明，不断填充，于是这个"我"变得越发疯狂和强健。

有人说寂寞和无聊是一种病，是一种精神病。寂寞的背后是寻找热闹和被人关注、被人想起的企图，无聊的背后是寻找意义的企图。

那个企图寻找热闹、寻求关注和意义的是谁呢？

回归自己的中心

　　有一对夫妻，生活中处处为对方着想，百般恩爱，互相迁就，从来没有吵过架，别人都对他们投去羡慕的目光。妻子知道丈夫喜欢吃蛋黄，每次吃鸡蛋的时候都会把蛋黄留给丈夫吃，而丈夫知道妻子爱吃蛋白，所以也会把蛋白给妻子，一只鸡蛋有人喜欢吃蛋黄，有人喜欢吃蛋白，而且都把对方认为最好的留给对方，这何尝不是一件好事？

　　就这样过了几十年，有一次，丈夫病了，住院期间，妻子很照顾丈夫，妻子为丈夫做了些好吃的，而且都是他喜欢吃的，其中就有鸡蛋。自然，妻子把蛋黄给了丈夫，这时候丈夫说今天他不想吃蛋黄。妻子很奇怪，于是就提出疑问，丈夫说："其实一直以来我都喜欢吃蛋白，每次看到蛋黄我都想吐，只是想到你也喜欢吃蛋白，所以只好留给你吃了。"妻子低下了头，她说："其实我只喜欢吃蛋黄，不喜欢吃蛋白，因为自己喜欢，所以认为你也喜欢，还把好的都留给你。"

当我们不知道如何真实地爱自己的时候，相互的爱就容易是畸形的。

真爱自己，就是要回归自己的中心。回归自己的中心，首先要找到自己的中心，其次要信任自己的中心。

回归自己的中心就是找到本我的道路，也是改变自己、改变世界的道路。只有当我们回归到自己的中心，我们周围的、被我们牵连的、我们所依赖或依赖我们的那些才可以回归自己应有的位置，这才是真正对自己和他人的爱。

回归中心就是做自己，不带有伪装、不带有恐惧、不依赖地真实地做自己。

真正的自己绝不用靠金钱、时间或者其他任何外在的名物来衡量和表达。

就如某些人充满爱心，事事处处希望能够帮助别人。然而这种希望帮助别人是她的需求，是她在依赖这种需求，同时也会因为这样的需求而吸引到对她有所求和有所依赖的别人。

病症何尝不是如此呢？身体通过依赖它去实现自己的种种目的。"小爱"何尝不是呢？我们通过依赖它达到控制和抓紧。

当我们依赖这些的时候，我们就依附在所执着的名物上，而远离了自己的中心。

当我们回归自己的中心，不再从外在寻找自己的时候，也就不会有更多的失落、批判，甚至也没有希望和追求，此时"真爱"就会自然流露出来。

我们每个人都是独一无二的个体，我们将自己独有的天分找寻并发挥出来，即是回归自己的中心。

启动内在力量

人们在遇到紧急情况时会发挥出平时所没有的力量，科学家估计，目前世界上大约有50%以上的疾病不需要治疗就会自愈，这也被认为是人体潜力的作用。这种潜力包括人体免疫系统的防御作用和自身稳定修复作用等。

人体有多方面的潜力，有些已经通过体育锻炼和心理暗示等方法发挥出来，并在理论上得到阐释和证实。

人们偶尔表现出来的"超级能力"以及病症治疗方面的潜能，其实原本就存在于我们的身体中。只是因为我们不懂得启动它，甚至不相信它的存在，从而让那些偶然的超级发挥成为奇迹和不可思议。

我们总是外求，故而放弃做自己生命的主人。

我们的内在有着巨大的能量，包括人性、生命以及宇宙，包括力量、疗愈、喜悦、富足，我们需要去发现、信任并让它发生。

任何事情都有自身内在的规律，这里暂且称其为"宇宙密码"。例如人们出生所带的DNA，这些可以称之为定数，因为我们生在如此的家庭、带有如此的基因，所以我们待人处事就是如此的习性。然而人们又是可以超越定数的，因为我们拥有自由意志，即可以改变发展方向的意念作用力。

其实改变只在一念之间，因为我们的每个起心动念都有影响力。

意念，最终概括起来也只是在讲"心的能量"或者说"心的力量"。

是的，我们的"心"真的有无限的潜能，所以对一个人来讲，心态影响着现状和未来。

然而，有多少人真正懂得自己的"心"呢？这是个大问题，多数人忙于太多的追求而忘了去关注自己的内心，其实很多时候我们所追求的东西并不是我们内心真正想要的，这就是很多人的外在达成了自己所追求的目标而内心却仍然充满痛苦或空虚的原因。

那么，如何了解自己的内心呢？很简单，就是静下来！静静去感受就好，要保持内心的平静，不要念念不忘过去，不用时刻担心未来，让我们来看看自己吧，我们有多长时间没有倾听自己的心跳，感受双手的温暖，还有那充满活力的一呼一吸……

力量就在我们的身体里面，如果我们拒绝启动自己内在的力量，那么外在的力量无论如何高超，也无法发生作用。

后 记

遇见闪闪发光的自己

——体验生活，享受生命

几个学生问哲学家苏格拉底："人生是什么？"

苏格拉底把他们带到一片苹果树林，要求大家从树林的这头走到那头，每人挑选一只自己认为最大最好的苹果。不许走回头路，不许选择两次。

在穿过苹果林的过程中，学生们认真地挑选自己认为最好的苹果。等大家来到苹果林的另一端，苏格拉底已经在那里等候他们了。他笑着问学生："你们挑到了自己最满意的果子吗？"大家你看看我，我看看你，都没有回答。

苏格拉底见状，又问："怎么啦，难道你们对自己的选择不满意？"

"老师，让我们再选一次吧，"一个学生请求说，"我刚走进果林时，就发现了一个很大很好的苹果，但我还想找一个更大更好的。当我走到果林尽头时，才发现第一次看到的那个就是最大最好的。"

另一个接着说："我和他恰好相反。我走进果林不久，就摘下一个我认为最大最好的果子，可是，后来我又发现了更好的。所以，我有点后悔。"

"老师，让我们再选择一次吧！"其他学生也不约而同地请求。

苏格拉底笑了笑，语重心长地说："孩子们，这就是人生——人生就是一次无法重复的选择。"

外边下着雨，我在屋里听雨、听风、听音乐，平静又平淡。

望着天花板，没有睡意，没有思想，我就这样静静地发呆……

除了快乐就是不快乐，除了苦恼就是不苦恼。是这样吗？我不认同。

此刻我就是静静地待着，没有快乐的快感，也没有痛苦的纠结。我并没有快乐，也并没有不快乐；我没有痛苦，也没有对痛苦的恐惧。

生活是一位高明的大师，每个安排都充满着智慧：没有黑夜何来白昼，没有月缺何来月圆，没有高山何来平原，没有父母何来孩子，没有黑白何来彩色，没有离别何来思念，没有距离何来相聚……

一切的一切都如此的完美。每一种结束都是另一种起点，每一种苦难都是另一种修炼，每一种打破都是另一种创新，每一种舍弃都是另一种自由。

平淡就是幸福，简单就是幸福，自然就是幸福。

只是，我们常常误解"生活"这位大师，看不到自己拥有的幸福。

是的，其实我们生来就拥有幸福，只是在成长的路上忘记了。后来，我们发现自己不幸福，所以发誓要找到幸福。

于是我们整装待发，于是我们跋山涉水；于是我们发愤图强，于是我们起早贪黑；于是我们嫉妒焦躁，于是我们贪婪无度，于是我们放纵任性；于是我们紧抓不放；于是我们紧追不舍；于是我们装腔作势；于是我们欺人欺己；于是我们见利忘义；于是我们过河拆桥；于是我们斤斤计较，于是我们自暴自弃；于是我们争前恐后；于是我们透支未来；于是我们逢场作戏；于是我们口是心非，于是我们空虚无聊；于是我们全副武装，于是我们囤积恐惧，于是我们欲生欲死，于是我们忘了自己，于是我们离幸福越来越远……

然而，经过执着热烈的找寻，我们的心变得越来越迟钝，视野变得越来越狭隘。最终在对幸福的一路追寻中，我们亲自把幸福给丢了。确切地说，我们把幸福给忘了。

幸福就在我们的身边，就在我们的心里，就在我们的手里，就在我们的眼前。

只是我们忘了它，也许应该说我们不认识它。

我们也许应该继续寻找幸福，然而如果我们不改变认知，也许终此一生也认不出手中的幸福。

幸福，平淡到让我们看不到的地步，简单到让我们难以置信的程度。就让我们用心生活，用心经历每一刻的幸福吧！我们要拂去心灵上的浮尘，扫去身上的劣习，让自己的生命闪闪发光！

华商心灵励志新书推荐

《少有人走的路：释然的修行》 32.00元

《人生太短，不要明白太晚》 29.80元

《成功就在你心中》 36.80元

《八个女人闯南极》 45.00元

《你若幸福，春暖花开》 35.00元

《还你一颗清宁的心》 39.80元

华商心灵励志新书推荐

《你若不伤，岁月无恙》 45.00元

《拥抱不完美的自己》 32.00元

《努力到感动自己，全世界为你让路》 38.00元

《我是罗大锤》 49.00元

《让未来的你，喜欢现在拼命的自己》 35.00元

《深呼吸》 39.80元

华商亲子教育新书推荐

《童年的秘密》 32.00元

《八零爸爸》 38.00元

《好妈妈要有爱的好方法》 35.00元

《教子博弈论》 35.00元

《守望孩子，静待花开》 35.00元

《懂礼仪的孩子，走到哪里都受欢迎》 35.00元